Ephemeridenrechnung Schritt für Schritt

Dieter Richter

Ephemeridenrechnung Schritt für Schritt

Sonnenaufgang und Co. bestimmen leicht gemacht

Dr. Dieter Richter
Hennigsdorf
Deutschland

Die Darstellung von manchen Formeln und Strukturelementen war in einigen elektronischen Ausgaben nicht korrekt, dies ist nun korrigiert. Wir bitten damit verbundene Unannehmlichkeiten zu entschuldigen und danken den Lesern für Hinweise.

ISBN 978-3-662-54715-1   ISBN 978-3-662-54716-8 (eBook)
https://doi.org/10.1007/978-3-662-54716-8

Die Deutsche Nationalbibliothek verzeichnet diese Publikation in der Deutschen Nationalbibliografie; detaillierte bibliografische Daten sind im Internet über http://dnb.d-nb.de abrufbar.

Planung: Margit Maly

Gedruckt auf säurefreiem und chlorfrei gebleichtem Papier

Springer Spektrum ist Teil von Springer Nature
Die eingetragene Gesellschaft ist Springer-Verlag GmbH Deutschland
Die Anschrift der Gesellschaft ist: Heidelberger Platz 3, 14197 Berlin, Germany

Bestimmt ist es den meisten an naturwissenschaftlichen Fragestellungen interessierten Menschen schon als Kind so gegangen, dass sie sich bei vielen Erscheinungen fragten, woher man denn das Detailwissen bekommt und wie einzelne natürliche Ereignisse in der Realität funktionieren. Dies könnte beispielsweise auch auf die Fragen zutreffen, wann denn am Morgen die Sonne auf- und am Abend wieder untergeht. Wie kann man ermitteln, wann Sonnen- und Mondfinsternisse stattfinden und wann welche Planeten oder auch andere kosmische Objekte zu sehen sein werden?

Es war am 15. November 2012 morgens um 7 Uhr. Der Autor dieses Buches stand bei klarem Himmel im Freien, sah den Jupiter im Westen und die Venus im Osten am Himmel stehen. Das war der Anlass, die Position der Planeten in Abhängigkeit von der Zeit auszurechnen und hoffentlich gut verständlich aufzuschreiben. Für diese Berechnungen ist eigentlich alles bekannt.

Warum nun der Untertitel „Sonnenaufgang und Co. bestimmen leicht gemacht"? Zum einen soll versucht werden, die Gedankengänge, beginnend mit den Kepler'schen Gesetzen bis zum „Endergebnis", den Koordinaten im Horizontsystem, in einer in sich geschlossenen Darstellung möglichst einfach und gut verständlich zu beschreiben. Die Kepler'schen Gesetze sind die grundlegenden Beziehungen zur Berechnung der Planetenbahnen, und die Koordinaten im Horizontsystem sind die Winkel, die an der Montierung eines Fernrohres einzustellen sind, um einen bestimmten Planeten zu sehen. Dabei sollte der mathematische Apparat nicht komplizierter als notwendig sein. Zum anderen wird eine Reihe von Erscheinungen und Einflüssen auf die Planetenbahnen bzw. Positionsangaben nicht berücksichtigt. Diese Effekte werden in einem separaten Abschnitt beschrieben, wo auch versucht wird, deren Größen abzuschätzen. Es werden nur kosmische Objekte beschrieben, die sich gemäß dem ersten Kepler'schen Gesetz auf Ellipsenbahnen um die Sonne bewegen. Objekte, die mit ihrer Bahn eine Parabel beschreiben, werden nicht berücksichtigt.

An Stellen, wo es notwendig erschien, werden Tabellen mit Kenngrößen bzw. Messungen, die Planetenbahnen beschreiben, eingefügt. Diese dienen dem Nachvollziehen der Rechenbeispiele. Es soll keine Sammlung von Kenngrößen kosmischer Objekte sein. Dafür gibt es in der entsprechenden Fachliteratur und auch im Internet umfangreiche Zusammenstellungen.

Das Buch wendet sich an Studenten der Naturwissenschaften, Amateurastronomen und all die Interessierten, die schon immer einmal erfahren wollten, woher man denn weiß, wann die Sonne aufgeht.

Hennigsdorf, November 2016   Dieter Richter

Vorwort

Das Hauptanliegen des ersten Kapitels ist es, die Positionen der Planeten unseres Sonnensystems von unterschiedlichen Positionen aus zu einem vorgegebenen Zeitpunkt zu bestimmen. Dabei wird jeder Planet auf seiner Bahn um die Sonne einzeln betrachtet. Das zu lösende Problem wird auch als Zweikörperproblem (Planet - Sonne) bezeichnet. Weil es sich um die Bestimmung der Planetenbahnen auf der Basis der Kepler'schen Gesetze handelt, wird es auch Kepler-Problem genannt.

Einleitend werden die Kepler'schen Gesetze beschrieben. Wer sich die Mühe macht, die Herleitungen dieser Gesetze zu verstehen, wird Freude daran haben, dass es ausgehend von einfachen Annahmen möglich ist, zu zeigen, dass sich die Planeten auf elliptischen Bahnen um die Sonne bewegen. Weiterhin werden die Zusammenhänge zwischen dem von der Sonne zum Planeten gehenden Strahl und der von ihm überstrichenen Fläche sowie den Umlaufzeiten einzelner Planeten und der Länge ihrer großen Halbachsen hergeleitet.

Im nachfolgenden Abschnitt wird eine Anzahl von Kenngrößen beschrieben, die zur Charakterisierung der Planetenbahnen notwendig sind. Auch ohne das Ziel, diese Bahnen zu berechnen, gibt es darüber hinaus Fragestellungen für den naturwissenschaftlich Interessierten. Unter anderem werden folgende Probleme behandelt: Wie zählt man Tage unter Berücksichtigung der Kalenderumstellung vom julianischen zum gregorianischen Kalender und der meist aller vier Jahre vorkommenden Schaltjahre? Wie kann man, wenn man die Sonne als Bezugspunkt, sozusagen als Beobachtungsposition, wählt, von dort aus den Abstand zum Planeten bestimmen, wenn als Messgeräte lediglich ein Winkelmesser und eine Uhr zur Verfügung stehen. Wie kann man die Bahngeschwindigkeit von Planeten bestimmen?

Danach wird die Position eines Planeten in seiner Bahnebene von der Sonne aus gesehen berechnet. Dazu ist es notwendig, die sogenannte Kepler-Gleichung aufzustellen und zu lösen. So erhalten wir einen wichtigen Parameter, die exzentrische Anomalie. Diese Größe ermöglicht es uns, den Abstand des Planeten von der Sonne und seine Bahngeschwindigkeit zu berechnen. Das Ergebnis dieses Abschnitts ist die Position des Planeten in der Bahnebene unter Verwendung räumlicher Polarkoordinaten.

Zur Erleichterung beim Nachvollziehen der nachfolgenden Rechnungen wird die Berechnung von Polarkoordinaten aus den bekannten kartesischen Koordinaten eines Bezugssystems gezeigt. Anschließend wird erläutert, wie zuerst die kartesischen Koordinaten und anschließend die räumlichen Polarkoordinaten in einem anderen Bezugssystem errechnet werden. Das bedeutet im Allgemeinen den Wechsel in eine andere Bezugsebene verbunden mit einer neuen Bezugsrichtung.

Auf diese Weise erhalten wir über eine Reihe von Umformungen letztendlich die räumlichen Koordinaten im Horizontsystem, also die Winkel, nach denen wir unser Fernrohr justieren müssen, um einen bestimmten Planeten zu sehen.

Eine Ausnahme von unserer Betrachtung der Planetenberechnung als Zweikörpersystem stellt die Bestimmung der Mondkoordinaten von der Erde aus gesehen dar. Die Mondbahn ist kompliziert, so dass der Einfluss von anderen kosmischen Objekten, außer der Erde, um die der Mond sich ja nun bewegt, nicht vernachlässigt werden kann.

Die Rechnungen werden allgemeingültig durchgeführt. Zur besseren Veranschaulichung jedoch werden die Zahlenrechnung für die Venus, als inneren Planeten, oder die Erde, und, falls es zum Verständnis betragen sollte, auch für den Jupiter, der sich deutlich außerhalb der Erdbahn bewegt, ausgeführt.

Für Rechnungen, bei denen sich die Sonne im Koordinatenursprung befindet, werden auch die Werte für die Erde angegeben. Wenn, wie im Titel genannt, auch der Sonnenaufgang berechnet werden soll, muss man natürlich wissen, wo sich die Erde zu dem gegebenen Zeitpunkt befindet. Da wir auf der Erde leben, wird sich bei Fortführung der Rechnungen der Koordinatenursprung im Erdmittelpunkt und später auch auf der Erdoberfläche befinden. Dann werden wir zusätzlich zu Venus und Jupiter auch die entsprechenden Koordinaten der Sonne berechnen. Die Darstellung endet mit der Auflistung aller wichtigen Formeln und einer zusammenfassenden Übersicht aller Bezugssysteme.

In einem weiteren Abschnitt werden Beispiele zur Anwendung des beschriebenen Formalismus vorgestellt. Sie dienen zum einen dem besseren Verständnis der im ersten Kapitel dargestellten Rechenmethode und Begriffe (z. B. Abschn. 3.3). Zum anderen werden auch neue Erkenntnisse vermittelt, die über die eigentliche Ephemeridenrechnung hinausgehen (z. B. Abschn. 3.4).

Im Anhang werden die wichtigsten mathematischen Grundlagen beschrieben, die zum Verständnis der Rechnungen notwendig sind.

Um Positionsangaben machen zu können, müssen der Beobachtungsort und die Beobachtungszeit bekannt sein. Wenn keine anderen Angaben genannt werden, ist der Beobachtungszeitpunkt der 15. November 2012 morgens um 6:00 Uhr Weltzeit, also 7:00 Uhr mitteleuropäischer Zeit. Die geographischen Koordinaten des Beobachtungsortes betragen $13{:}12,5\,°$ östlicher Länge und $52{:}36,9\,°$ nördlicher Breite.

Alle Rechnungen wurden mit mindesten 16stelliger Genauigkeit durchgeführt. Es werden jedoch in Abhängigkeit vom jeweiligen Problem weniger Stellen angegeben. Das Ziel der Ausführungen besteht vorrangig darin, die Rechenwege nachvollziehbar darzustellen und nicht ein Ergebnis mit einer scheinbar sehr hohen Genauigkeit zu präsentieren. Die Einschränkungen, die sich aus der Behandlung der Positionsbestimmung als Zweikörperproblem ergeben, lassen ohnehin kein allzu genaues Ergebnis zu.

Hennigsdorf,
November 2016   Dieter Richter

Danksagung

Ich möchte Frau Marika Richter für das Lektorieren sowie Herrn Dr. Alexander Donat und Herrn Arne Skerra für die Anregungen und fachliche Durchsicht des Manuskripts danken. Für mögliche Rechen- und Schreibfehler ist jedoch allein der Autor verantwortlich.

Weiterhin geht mein Dank an Frau Sandra Grundmann, Frau Margit Maly sowie an Frau Stella Schmoll von der Springer-Verlag GmbH für die wertvollen Hinweise zur Gestaltung des Buches.

Inhaltsverzeichnis

1.1 Die Kepler'schen Gesetze

Die Kepler'schen Gesetze[1] sind die Grundlage der Berechnung von Planetenbahnen. Kepler fand sie durch die Auswertung von Datenmaterial früherer astronomischer Beobachtungen. Die Gesetze wurden vielfach beschrieben (z. B. [1], Seite 52; [2], Seite 112 oder [3], Seite 86 ff. sowie auf vielen Seiten des Internets). Sie lauten:

1. Die Planeten bewegen sich auf elliptischen Bahnen um die Sonne. Dabei befindet sich die Sonne in einem der Brennpunkte der Ellipse.
2. Der Strahl von der Sonne zu einem Planeten überstreicht in der gleichen Zeit gleiche Flächen.
3. Die Quadrate der Umlaufzeiten einzelner Planeten verhalten sich wie die dritten Potenzen ihrer großen Halbachsen.

Zunächst erfolgt die Herleitung dieser Gesetze. Trotz unseres Vorhabens „Ephemeridenrechnung leicht gemacht", sind diese Herleitungen notwendig, denn sie bilden die Grundlage für alle folgenden mathematisch-physikalischen Überlegungen.

Die ersten beiden Gesetze behandeln ein Zweikörperproblem. Dabei wird vorausgesetzt, dass die Körper als Punktmassen betrachtet werden können. Es wirken keine zusätzlichen Gravitationskräfte, die von anderen Körpern ausgehen, welche die Bahn des ein Zentralobjekt „umrundenden" Körpers beeinflussen könnten. Selbstredend und historisch bedingt ist der Schwerpunkt unserer Betrachtungen unser Sonnensystem. Doch die Gesetze sind allgemeingültig und nicht auf dieses beschränkt. Im kosmischen Maßstab bekommen jedoch relativistische Effekte zunehmend eine Bedeutung. Deshalb muss weiterhin vorausgesetzt werden, dass der Einfluss durch relativistische Effekte vernachlässigt werden kann.

Das dritte Gesetz behandelt ein Mehrkörperproblem, was an einem Beispiel veranschaulicht werden soll. Die Erde bewegt sich um die Sonne. Von der Erde aus

---

[1]Johannes Kepler, von 1571 bis 1630; Mathematiker, Astronom, Astrologe, Optiker.

© Springer-Verlag GmbH Deutschland 2017
D. Richter, *Ephemeridenrechnung Schritt für Schritt*,
https://doi.org/10.1007/978-3-662-54716-8_1

bestimmen wir die Umlaufzeit eines weiteren Planeten, des dritten Körpers, und können mit dem dritten Kepler'schen Gesetz seinen Abstand zur Sonne berechnen ([4], Seite 2 und 3).

Bei unseren Betrachtungen dieser Gesetze wollen wir nicht vergessen, dass es sich um die *Kepler'schen* Gesetze handelt. Er kannte weder die Gravitationskräfte zwischen den Planeten und der Sonne noch die zwischen den Planeten untereinander. Die Gesetze der Bewegung von Massen unter dem Einfluss von Zentralkräften waren unbekannt. Wie im Abschn. 1.1.2 ausführlich begründet wird, kam deshalb bei der Herleitung des dritten Gesetzes ein vereinfachter Ansatz zur mathematischen Formulierung des Problems zur Anwendung. Mit unserem heutigen Wissen könnten wir diese Gesetze exakter formulieren, aber es sind, wie gesagt, die *Kepler'schen* Gesetze.

1.1.1 Herleitung des ersten Kepler'schen Gesetzes

Das Ziel der Herleitung des ersten Kepler'schen Gesetzes besteht darin, zu zeigen, dass sich die Bahnkurve der Bewegung eines Planeten um die Sonne mit der Gleichung eines Kegelschnittes, in diesem Fall mit der Gleichung einer Ellipse, beschreiben lässt. Prinzipiell können dabei beliebige Koordinatensysteme verwendet werden. Aufgrund der Problemstellung bietet sich die Verwendung von Zylinderkoordinaten an. Die Herleitung besteht aus zwei Teilschritten.

1. Erstellen einer Gleichung, die den Zusammenhang der Länge des Strahls r von einem Brennpunkt aus zum Planeten vom überstrichenen Winkel φ beschreibt (Abb. 1.1).
2. Wir gehen von der Gleichung einer Ellipse (eine detaillierte Beschreibung befindet sich im Abschn. A.5 ab Seite 117) in Zylinderkoordinaten oder ebenen Polarkoordinaten aus. Das ist in diesem Fall dasselbe, denn wir betrachten

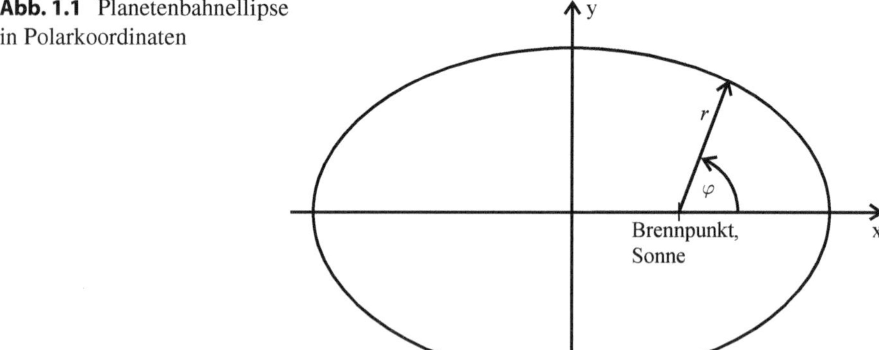

Abb. 1.1 Planetenbahnellipse in Polarkoordinaten

die Planetenbewegung lediglich in einer Ebene. Die Gleichung wird so umgeformt, dass sie formal der oben gewonnenen Gleichung entspricht und mit dieser verglichen.

Zum ersten Teilschritt: Dafür benötigen wir die Gesamtenergie (also die Summe der potentiellen und der kinetischen Energie) eines Planeten. Die Anziehungskraft F aufgrund des Gravitationsfeldes zwischen zwei Massen m und M beträgt:

$$F = \gamma \, \frac{m\,M}{r^2} \tag{1.1}$$

Hierbei sind γ die Gravitationskonstante (siehe Tab. 2.7) und r der Abstand, bei unserem Beispiel zwischen den Schwerpunkten von Sonne und Planeten. Die potentielle Energie E_{pot} berechnet sich zu[2]

$$E_{pot} = \int_0^r F(\tilde{r})\,d\tilde{r} = \int_0^r \gamma \, \frac{m\,M}{\tilde{r}^2}\,d\tilde{r} = -\gamma \, \frac{m\,M}{r}.$$

Die kinetische Energie W_{kin} beträgt

$$W_{kin} = \frac{m}{2}\,v^2$$

mit v der Bahngeschwindigkeit. Somit beträgt die Gesamtenergie E:

$$E = \frac{m}{2}\,v^2 - \gamma \, \frac{m\,M}{r}. \tag{1.2}$$

Wir legen nun unseren Beobachtungspunkt ins ruhende Bezugssystem, betrachten also die Sonne und den Planeten von „außen" und verwenden Zylinderkoordinaten (siehe Abschn. A.4 ab Seite 114). Wir erhalten mit $v = dr/dt = \dot{r}$ und $v = d(r\,\varphi)/dt = r\,\dot{\varphi}$ die Gesamtenergie zu

$$E = \frac{m}{2}\,(\dot{r}^2 + r^2\,\dot{\varphi}^2) - \gamma \, \frac{m\,M}{r}. \tag{1.3}$$

Als Nächstes betrachten wir den Drehimpuls L für die Drehung einer Punktmasse um ein Rotationszentrum. Diese Situation ist bei der Drehbewegung der Planeten um die Sonne in guter Näherung gegeben:

$$L = \Theta \, \dot{\varphi} = m\,r^2 \, \frac{d\varphi}{dt}. \tag{1.4}$$

---

[2]Der Ausdruck $\tilde{r}$ wird nur der mathematischen Korrektheit wegen eingeführt. Die Variable im Integranden muss sich von den Variablen der Integrationsgrenzen unterscheiden.

Hierbei ist Θ das Trägheitsmoment einer Punktmasse m im Abstand r vom Rotationszentrum. Weiterhin benötigen wir noch folgende Darstellung der Bahngeschwindigkeit:

$$\frac{dr}{dt} = \frac{dr}{d\varphi}\,\frac{d\varphi}{dt} = \dot{r} = \frac{dr}{d\varphi}\,\dot{\varphi}. \tag{1.5}$$

Nun gewinnen wir aus Gl. (1.5) den Term $\dot{r}^2 = \left(\frac{dr}{d\varphi}\right)^2 \dot{\varphi}^2$, setzen diesen in Gl. (1.3) ein und lösen nach dem Term $\left(\frac{dr}{d\varphi}\right)^2$ auf:

$$\left(\frac{dr}{d\varphi}\right)^2 = \frac{2\left(E - \frac{m\,r^2\,\dot{\varphi}^2}{2} + \frac{\gamma\,M\,m}{r}\right)}{m\,\dot{\varphi}^2}.$$

Im nächsten Schritt gewinnen wir aus Gl. (1.4) die Beziehung $\dot{\varphi}^2 = \frac{L^2}{m^2\,r^4}$ und setzen diese in obige Gleichung ein. Jetzt brauchen wir nur noch zu vereinfachen und erhalten unsere gesuchte Abhängigkeit:

$$\left(\frac{dr}{d\varphi}\right)^2 = 2m\frac{r^4}{L^2}\left(E + \frac{\gamma\,M\,m}{r} - \frac{L^2}{2\,m\,r^2}\right). \tag{1.6}$$

Das ist der Zusammenhang zwischen der Länge des Strahls vom Brennpunkt zum Planeten und dem dazugehörigen überstrichenen Winkel.

Zum zweiten Teilschritt: Hierzu schreiben wir als erstes die Gleichung einer Ellipse in Polarkoordinaten auf ([5], [6], Seite 184; Abschn. A.5 auf Seite 117) und bilden deren erste Ableitung:

$$r(\varphi) = \frac{p}{1 + e\,\cos(\varphi)} \quad \text{und} \quad \frac{dr}{d\varphi} = \frac{p\,e\,\sin(\varphi)}{(1 + e\,\cos(\varphi))^2}. \tag{1.7}$$

Die nach dem Produkt

$$e\,\cos(\varphi) = p/r(\varphi) - 1 \tag{1.8}$$

aufgelöste Bahngleichung setzen wir in die erste Ableitung ein. Um die Übersichtlichkeit der nachfolgenden Rechnung zu erhöhen, schreiben wir ab hier $r(\varphi) = r$ und erhalten:

$$\frac{dr}{d\varphi} = \frac{r^2\,e\,\sin(\varphi)}{p}. \tag{1.9}$$

Da in Gl. (1.6) die erste Ableitung in quadratischer Form vorliegt, quadrieren wir Gl. (1.9) ebenfalls,

$$\left(\frac{dr}{d\varphi}\right)^2 = \frac{r^4 e^2 (1 - \cos^2(\varphi))}{p^2} \quad \text{mit} \quad \sin^2(\varphi) = 1 - \cos^2(\varphi), \tag{1.10}$$

und formen unter Verwendung der Gl. (1.8) um:

$$\left(\frac{dr}{d\varphi}\right)^2 = \frac{r^4}{p^2}\left(e^2 - \left(\frac{p}{r} - 1\right)^2\right) = \frac{r^4}{p^2}\left(e^2 - 1 + \frac{2p}{r} - \frac{p^2}{r^2}\right). \tag{1.11}$$

Nun haben wir analog zur Gl. (1.6) einen Zusammenhang zwischen der Länge des Strahls vom Koordinatenursprung zu einem Punkt auf der Ellipse und dem dazugehörigen überstrichenen Winkel.

Zum Vergleich der Gleichung Gl. (1.6) mit Gl. (1.11) vereinfachen wir diese, indem wir Konstanten einführen. Mit $C_1 = 2\,m/L^2$, $C_2 = E$ und $C_3 = \gamma\,M\,m$ wird aus Gl. (1.6)

$$\left(\frac{dr}{d\varphi}\right)^2 = C_1\,r^4\left(C_2 + \frac{C_3}{r} - \frac{1}{C_1\,r^2}\right). \tag{1.12}$$

Analog gehen wir mit Gl. (1.11) und den Substitutionen $C_4 = 1/p^2$, $C_5 = e^2 - 1$, $C_6 = 2\,p$ und $C_7 = p^2$ vor:

$$\left(\frac{dr}{d\varphi}\right)^2 = C_4\,r^4\left(C_5 + \frac{C_6}{r} - \frac{1}{C_7\,r^2}\right). \tag{1.13}$$

Die neue Form der Gleichung Gl. (1.11) des ersten Teilschrittes, Gl. (1.12), beschreibt die Abhängigkeit des Winkels zwischen Leitstrahl und x-Achse gemäß Abb. 1.1. Dagegen wurde die Gleichung im zweiten Teilschritt (Gl. (1.13)) aus der Parametergleichung einer Ellipse abgeleitet. Beide stimmen in ihrer Struktur überein. Das bedeutet, dass ein Planet auf seiner Bahn um die Sonne eine Ellipse beschreibt. Weiterhin, aber für die eigentliche Herleitung nicht notwendig, lassen sich die Konstanten der Ellipsengleichung mit physikalischen Inhalten versehen.

1.1.2   Herleitung des zweiten Kepler'schen Gesetzes

Die Herleitung des zweiten Kepler'schen Gesetzes erfolgt hier in Anlehnung an eine einfache und gut verständliche Darstellung in [4]. Wir betrachten die Position eines Planeten zu drei verschiedenen Zeitpunkten. Abbildung 1.2 zeigt eine nicht maßstäbliche schematische Darstellung. Der Planet bewege sich zunächst vom Punkt A zum Punkt B. Wenn der Einfluss der Sonne nicht vorhanden wäre,

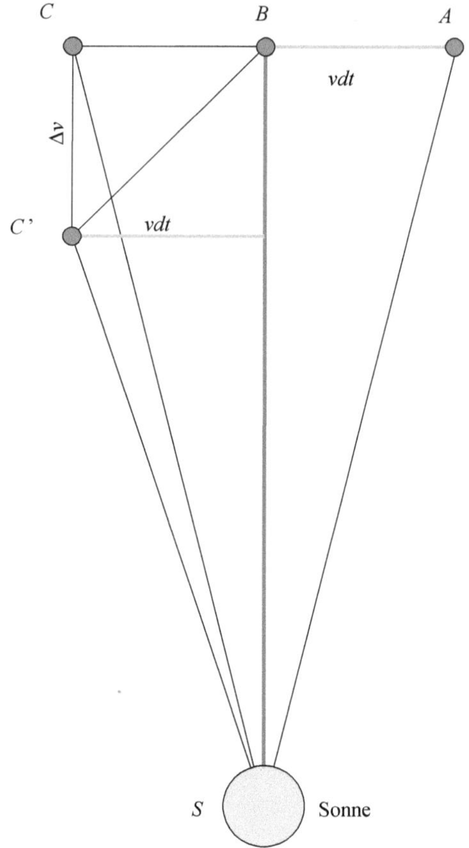

Abb. 1.2 Schematische Darstellung zum zweiten Kepler'schen Gesetz

würde sich der Planet weiterhin vom Punkt B zum Punkt C bewegen. Die Flächenbetrachtung wäre einfach. Die Dreiecke $\triangle(SAB)$ und $\triangle(SBC)$ haben den gleichen Flächeninhalt, insbesondere deshalb, weil die Strecken $\overline{AB} = v\,dt$ und $\overline{BC} = v\,dt$ gleich lang sind. Dabei bedeuten v die Bahngeschwindigkeit des Planeten und dt die benötigte Zeit für das Bewegen längs der genannten Strecken. Die zeitlichen resp. örtlichen Abstände zwischen den Positionen sind so kurz bemessen, dass die eigentlich elliptische Planetenbahn durch kurze Geraden angenähert werden kann.

Berücksichtigen wir in einem zweiten Schritt jedoch die Gravitationskraft zwischen dem Planeten und der Sonne, so bewegt sich der Planet, nicht wie im vorherigen Schritt angenommen, gerade und gleichförmig vom Punkt B zum Punkt C, sondern zum Punkt C'. Dabei hat er die Geschwindigkeit Δv, deren Richtung parallel zur Strecke $\overline{BS}$ verläuft. Betrachten wir nun die überstrichenen Flächen, also die Flächeninhalte der Dreiecke $\triangle(SAB)$ und $\triangle(SBC')$. Sie haben die gemeinsame Strecke $\overline{SB}$ und die Höhen jedes Dreiecks auf diese gemeinsame Strecke $v\,dt$

sind ebenfalls gleich groß ($v\,dt$). Damit haben die beiden genannten Dreiecke den gleichen Flächeninhalt: Der jeweils im Zeitintervall dt vom Leitstrahl Sonne-Planet überstrichene Flächeninhalt ist konstant.

1.1.3 Herleitung des dritten Kepler'schen Gesetzes

Das dritte Kepler'sche Gesetz wird hier aus dem Newton'schen[3] Gravitationsgesetz hergeleitet. Anzumerken ist, dass Newton deutlich später als Kepler geboren wurde (siehe Fußnote auf Seite 2), er also nicht auf das Gravitationsgesetz zurückgreifen konnte. Kepler fand das Gesetz nicht durch theoretische Überlegungen, sondern durch „Probieren" mit vorhandenen Beobachtungsdaten, insbesondere mit denen von Tycho Brahe[4] [7].

Der physikalische Ansatz besteht darin, dass bei der Rotation eines Planeten (Masse m, Bahngeschwindigkeit v) um die Sonne (Masse M) die Fliehkraft im rotierenden Bezugssystem betragsmäßig gleich der Gravitationskraft (siehe Gl. (1.1)) ist:

$$m\,\frac{v^2}{r} = \gamma\,\frac{M\,m}{r^2}. \tag{1.14}$$

Dabei wird angenommen, dass sich der Planet auf einer kreisförmigen Bahn um den Sonnenmittelpunkt, also nicht um den gemeinsamen Schwerpunkt, bewegt.

Dieser vereinfachte Ansatz wurde aus zwei Gründen gewählt: Würde sich der Planet auf einer Kreisbahn um den Sonnenmittelpunkt bewegen, so würde der Ansatz die Realität richtig beschreiben und wir erhielten die meistens verwendete Darstellung Gl. (1.16). Würden wir eine elliptische Bahn betrachten, so kämen wir zum selben Ergebnis. Jedoch ist in der Realität die Abweichung der elliptischen Bahn von einer Kreisbahn vernachlässigbar klein. Die Exzentrizitäten der Planeten liegen im Bereich von 0,21 (Merkur) bis 0,0068 (Venus).

Darüber hinaus liegt der Schwerpunkt eines Planeten und der Sonne praktisch im Sonnenmittelpunkt. Die Masse der Sonne ist etwa 1047 mal größer als die des Jupiters. Dessen Masse ist aber wiederum etwa 750 mal größer als die aller übrigen Planeten zusammen[5] ([8], S. 82 und [2], S. 113):

Unter Verwendung der Umlaufzeit $T_u = 2\pi\,r/v$ wird das Geschwindigkeitsquadrat $v^2 = (4\pi^2\,r^2)/T_u^2$ berechnet und eingesetzt. Danach wird durch die

---

[3] Sir Isaac Newton, von 1642 bis 1726 (julianische Kalender); englischer Naturforscher.

[4] Tycho Brahe, von 1546 bis 1601, einer der bedeutendsten Astronomen.

[5] Nur unter Berücksichtigung der Sonnenmasse M und der Planetenmasse m bei Betrachtung einer elliptischen Planetenbahn stünde in Gl. (1.16) anstatt der Sonnenmasse die Summe $M + m$. Jedoch gilt für alle Planeten $M >> m$. Bei guter Näherung gilt $M \approx M + m$ und wir erhalten wieder Gl. (1.16) ([8], S. 134).

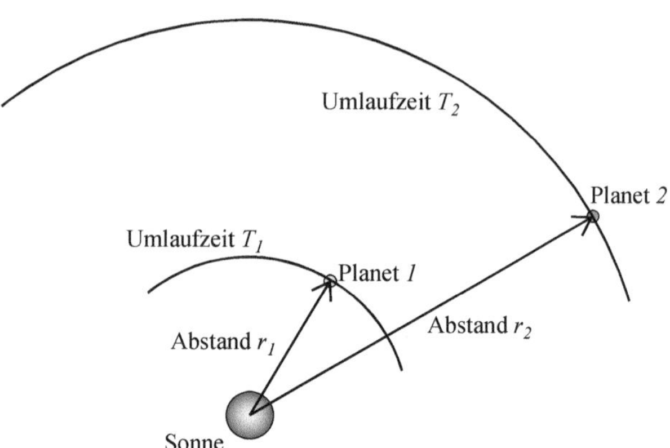

Abb. 1.3 Schematische Darstellung zum dritten Kepler'schen Gesetz

Planetenmasse dividiert:

$$\frac{4\pi^2\, r^2}{T_u^2\, r} = \gamma\,\frac{M}{r^2}.$$ (1.15)

Wir sehen, dass die Umlaufzeit lediglich von der Sonnenmasse und dem Abstand des Planeten von der Sonne, nicht aber von der Planetenmasse abhängt. Jetzt bringen wir alle Konstanten auf eine Seite der Gleichung und erhalten:

$$\underbrace{\frac{\gamma\, M}{4\pi^2}}_{const.} = \frac{r^3}{T_u^2}.$$ (1.16)

Die dritte Potenz des Abstandes eines Planeten von der Sonne bezogen auf das Quadrat seiner Umlaufzeit ist konstant. Abbildung 1.3 zeigt eine schematische Darstellung. Der Term $\gamma\, M/(4\,\pi^2)$ wird als Gauß'sche Konstante bezeichnet.

1.2   Die Bahnparameter und Bahnelemente der Planeten

Der Lauf von Planeten wird von einer Anzahl von Bahnparametern beschrieben. Historisch gewachsen werden einige davon als klassische Bahnelemente bezeichnet. Wir wollen sie in drei Gruppen einteilen:

In der ersten Gruppe sind die Elemente, welche die Form der Bahnellipse festlegen, auf der sich ein Planet bewegt. Das sind die große Halbachse a und die numerische Exzentrizität e. Sie werden auch Gestaltelemente genannt. Die zweite Gruppe enthält die Bahnlageelemente. Das können z. B. die Länge des aufsteigenden Knotens Ω, das Argument des Perihels ω, auch Perihelabstand genannt, und der Winkel zwischen Bahnebene und Ebene der Ekliptik i sein. Sie bestimmen die Lage der Bahnebene im Raum bzw. die Lage der Bahnebene relativ zur Ebene der Ekliptik. Es fehlt noch der zeitliche Bezug. Dabei handelt es sich nur um ein Bahnelement, was wir einer dritten Gruppe zuordnen wollen. Die Position des Planeten ändert sich auf seiner Umlaufbahn aufgrund seiner Bewegung um die Sonne. Dieses Element ist eine Größe, welche die sich kontinuierlich ändernde Position des Planeten beschreibt. Das kann beispielsweise die mittlere Anomalie M sein. Die Festlegung dieser Kenngrößen ist in der Fachliteratur nicht einheitlich ([8], Seite 162 f.; [9], Seite 137 und 140; [10] oder [11].

Die Werte der Bahnelemente bzw. deren Zeitabhängigkeit, wie sie für die folgenden Berechnungen für die inneren Planeten verwendet werden, wurden [9], Seite 137 ff., entnommen und in Tab. 1.1 zusammengestellt. Für die inneren Planeten und den Mars können mittlere Bahnelemente angegeben werden, welche die Planetenbahnen hinreichend genau charakterisieren. Die Werte für den Jupiter und die anderen äußeren Planeten, außer denen für den Mars, stammen von [13] und werden in [9], Seite 141 ff., aufgeführt.[6] Durch die starke gegenseitige Störung dieser Planeten ist eine Darstellung durch mittlere Bahnelemente wie bei den inneren Planeten zu ungenau. Diese Bahnelemente werden für unseren Bezugszeitpunkt in Tab. 1.2 dargestellt. Dabei wurden die Bahnparameter von Jupiter, Saturn, Uranus, Neptun und Pluto für den 15.11.2012 errechnet. Derselben Quelle entnommen und aufgelistet sind weitere Werte für die nächsten Jahre.

Der Betrag der Bahnparameter hängt von der Zeit ab. Deshalb wird zunächst die Art der Zeitmessung beschrieben. Anschließend werden alle für die Ephemeridenrechnung notwendigen Parameter vorgestellt.

Im Abschn. 3.3 werden die Kenngrößen ab Abschn. 1.2.5 nochmals anhand von zwei Beispielen erläutert.

1.2.1 Julianisches Datum und Julianisches Jahrhundert

Das Julianische Datum JD ist die Anzahl der Tage, die seit dem 1. Januar 4713, 12 Uhr, vor Christus vergangen sind [16]. Um sich eine Vorstellung von der Größe der zu handhabenden Zahlen zu machen, sei das Julianische Datum beim Schreiben dieser Zeilen (31.10.2014, 12:00 MEZ) genannt: 2456961,958333 Tage. Eine Sekunde später beträgt es 2456961,958345 Tage. Zusätzlich zu den sieben Stellen vor dem Komma muss mit einer Genauigkeit von sechs Nachkommastellen gerechnet werden, wenn ein Zeitpunkt auf eine Sekunde genau fixiert werden soll.

Die Berechnung des Julianischen Datums JD ist vielfach beschrieben, z. B. in [9], Seite 42, oder im Internet ([16], [17]). Nachstehend folgt die Berechnung für ein bestimmtes Datum zu einer bestimmten Uhrzeit UT. Der Term UT ist die Weltzeit, hier als Dezimalbruch, z. B. 13:15 Uhr $=13,25$ Uhr. Falls das umzurechnende Datum im Januar oder Februar liegt, sind die Jahreszahl y um ein Jahr zu reduzieren und zur „Monatsnummer" m zwölf zu addieren. Für die übrigen Monate werden y und

---

[6]Weitere Referenzen für Planeten- und Mondephemeriden sind beispielsweise [8], Seite 338 ff.; [13], oder [14]. Bei [15] ist es möglich, eine CD mit Ephemeridendaten zu erwerben.

Tab. 1.1 Anstieg m und Achsenabschnitt b der Kenngrößen von Venus, Erde, Merkur und Mars (a ... große Halbachse, e ... numerische Exzentrizität, M ... mittlere Anomalie, i ... Neigungswinkel zur Ebene der Ekliptik, Ω ... Länge des aufsteigenden Knotens, $\bar{\omega}$ ... Länge des Perihels, L ... mittlere Länge)

	m	b	m	b
	Venus		Erde	
a	0	$0,723332\,AE$	0	$1,000000\,AE$
e	$-0,000048/Jhd$	$0,006773$	$-0,000042/Jhd$	$0,016709$
M	$58517,8039\,\frac{°}{Jhd}$	$50,4071\,°$	$35999,0498\,\frac{°}{Jhd}$	$357,5256/\,°$
i	$0,0010\,\frac{°}{Jhd}$	$3,3946\,°$	0	0
Ω	$0,9\,\frac{°}{Jhd}$	$76,680/\,°$	0	0
$\bar{\omega}$	$1,4080\,\frac{°}{Jhd}$	$131,5718/\,°$	$0,3222\,\frac{°}{Jhd}$	$102,9400\,°$
L	$58519,2119\,\frac{°}{Jhd}$	$181,9790/\,°$	$36000,7690\,\frac{°}{Jhd}$	$100,4656\,°$
	Merkur		Mars	
a	0	$0,387099\,AE$		$1,523692\,AE$
e	$0,000020/Jhd$	$0,205634$	$0,000092/Jhd$	$0,093405$
M	$149472,5153\,\frac{°}{Jhd}$	$174,7947\,°$	$19139,8585\,\frac{°}{Jhd}$	$19,3879\,°$
i	$0,0019\,\frac{°}{Jhd}$	$7,0048\,°$	$0,0007\,\frac{°}{Jhd}$	$1,8496\,°$
Ω	$1,185\,\frac{°}{Jhd}$	$48,331/\,°$	$0,771\,\frac{°}{Jhd}$	$49,557\,°$
$\bar{\omega}$	$1,55555\,\frac{°}{Jhd}$	$77,4552/\,°$	$0,4438\,\frac{°}{Jhd}$	$336,0590\,°$
L	$149474,0708\,\frac{°}{Jhd}$	$252,2499/\,°$	$19141,6993\,\frac{°}{Jhd}$	$355,4496\,°$

m nicht verändert. Danach kann die Hilfsgröße H ausgerechnet werden.[7]

$$H = \mathrm{floor}(y/400) - \mathrm{floor}(y/100). \qquad (1.17)$$

Unter Verwendung von Gl. (1.17) und der laufenden Nummer des Tages im Monat *day* wird anschließend das gesuchte Julianische Datum *JD* berechnet:

$$JD/d = \mathrm{floor}(365,25\,y) + \mathrm{floor}(30,6001\,(m+1)) + H$$
$$+ 1720996,5 + day + UT/24. \qquad (1.18)$$

Eine in den nachfolgenden Rechnungen zur Bestimmung der Planetenposition verwendete Zeitangabe ist die der seit einem festgelegten Zeitpunkt vergangenen Zeit. Hier ist das Ziel nicht vorrangig die Vereinfachung der Zahlenrechnung. Wir haben die Situation, dass sich die Positionen der Fixsterne und insbesondere dadurch auch die des Frühlingspunktes kontinuierlich verschieben. Der letztgenannte Effekt wird Präzession genannt (siehe Seite 71). Deshalb ist es notwendig, dass von Zeit zu Zeit ein Zustand fixiert wird, auf den sich die Berechnung von Positionen am Himmel beziehen, das Äquinoktium. Zum einen bezeichnet man das Äquinoktium oder die Tagundnachtgleiche als die beiden Tage im Jahr, an denen der lichte Tag und die Nacht gleich lange dauern, also der Frühlingsanfang und der Herbstanfang.

---

[7]Als Gedächtnisstütze: floor(x) ist die größte ganze Zahl, die kleiner oder gleich x ist.

Tab. 1.2 Bahnparameter von Jupiter, Saturn, Uranus, Neptun und Pluto (a ... große Halbachse, e ... numerische Exzentrizität, M ... mittlere Anomalie, n ... Winkelgeschwindigkeit, i ... Neigungswinkel zur Ebene der Ekliptik, Ω ... Länge des aufsteigenden Knotens, $\overline{\omega}$ ... Länge des Perihels)

Datum	$\frac{a}{AE}$	e	$\frac{M}{°}$	$\frac{n}{°\,d^{-1}}$	$\frac{i}{°}$	$\frac{\Omega}{°}$	$\frac{\overline{\omega}}{°}$
			Jupiter				
15.11.2012	5,202708	0,048899	50,6082	0,083094	1,3038	100,5138	14,4288
04.09.2017	5,202111	0,048905	196,5401	0,0831078	1,3037	100,5147	14,2443
09.10.2018	5,202553	0,048843	229,8566	0,0830072	1,3037	100,5153	14,1715
13.11.2019	5,203416	0,048732	263,2414	0,0830766	1,3036	100,5165	14,0167
			Saturn				
15.11.2012	9,527735	0,055151	115,7912	0,033520	2,4877	113,5923	91,4184
04.09.2017	9,572240	0,051568	172,0711	0,0332848	2,4869	113,5897	93,8264
09.10.2018	9,578313	0,050902	186,3120	0,0332531	2,4864	113,5942	92,9844
13.11.2019	9,580611	0,050934	201,0347	0,0332412	2,4862	113,5950	91,6948
			Uranus				
15.11.2012	19,231458	0,046198	199,6407	0,011687	0,7723	73,9508	168,8770
04.09.2017	19,130824	0,049516	215,6833	0,0117791	0,7716	74,0056	173,2410
09.10.2018	19,142814	0,048427	219,8832	0,0117681	0,7710	74,0504	173,6422
13.11.2019	19,169546	0,046855	225,0106	0,0117434	0,7705	74,0842	173,1351
			Neptun				
15.11.2012	30,086606	0,010541	287,5841	0,005973	1,7698	131,7883	45,6117
04.09.2017	30,030410	0,006489	295,7000	0,0059893	1,7720	131,8159	47,5798
09.10.2018	30,100809	0,007441	316,1642	0,0059683	1,7713	131,8016	29,4487
13.11.2019	30,181529	0,009605	329,0345	0,0059443	1,7704	131,7808	18,9710
			Pluto				
15.11.2012	39,379800	0,247239	33,8557	0,003989	17,1626	110,2928	223,8028
04.09.2017	39,713431	0,253203	39,8123	0,0039382	17,1282	110,2962	224,5286
09.10.2018	39,812406	0253780	40,9367	0,0039235	17,1104	110,2975	225,0711
13.11.2019	39,860498	0,253375	42,2207	0,0039164	17.0990	110,2969	225,5007

Zum anderen wird in der Astronomie das Datum eines Äquinoktiums darüber hinaus als sekundengenauer Zeitpunkt angegeben. Dabei handelt es sich um jenen Moment, an dem die Sonne den Himmelsäquator im Frühlings- beziehungsweise im Herbstpunkt passiert, und mit dem der Beginn dieser Jahreszeiten dann astronomisch definiert ist. Sowohl diese genauen Zeitpunkte als auch die jeweiligen Lagen des passierten Frühlings- bzw. Herbstpunktes heißen abgekürzt ebenfalls Äquinoktien [18]. Das gegenwärtig benutzte Äquinoktium ist das vom 1.1.2000, 12 Uhr ($JD = 2451545,0\,d$). Die Anzahl der Jahrhunderte T seit dem genannten Äquinoktium des Jahres 2000 errechnet sich zu

$$T = \frac{(JD - 2451545,0)\,d}{36525\,\frac{d}{Jhd}} = \frac{JD - 2451545,0}{36525}\,Jhd. \tag{1.19}$$

Abb. 1.4 Kenngrößen einer
Ellipse

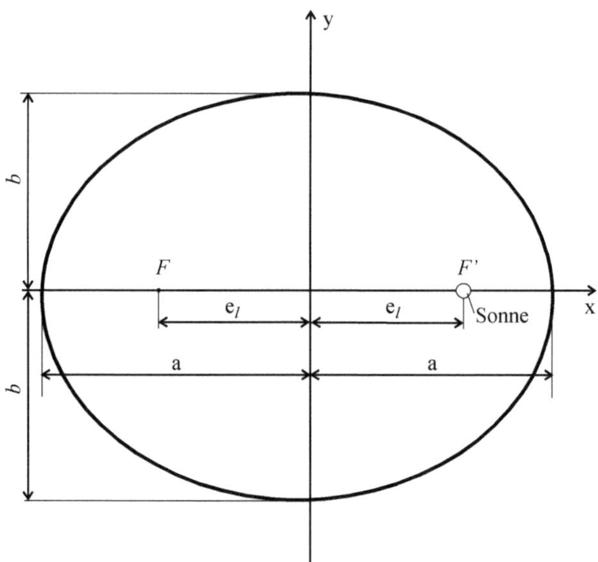

Die Zeitspanne von 36525 Tagen heißt Julianisches Jahrhundert. Es ist immer gleich
lang ([19], Seite 18).

1.2.2 Große Halbachse und Exzentrizität

In Abb. 1.4 sind die Kenngrößen einer Bahnellipse eingezeichnet. Wir betrachten
zuerst als Bahnparameter die große Halbachse a . Diese Kenngröße ist die Strecke
vom Mittelpunkt der Ellipse zu ihrer größten Ausdehnung.

Eingezeichnet ist weiterhin die lineare Exzentrizität e_l. Die lineare Exzentrizität ist der Abstand der Sonne vom Mittelpunkt der Ellipse. Zusätzlich benannt
sind die kleine Halbachse b sowie die beiden Brennpunkte F und F'. In einem
der Brennpunkte befindet sich die Sonne. Im Abschn. A.5 sind die geometrischen
Eigenschaften einer Ellipse genauer beschrieben.

Der zweite Bahnparameter ist die numerische Exzentrizität e. Sie berechnet
sich zu

$$e = \frac{e_l}{a} = \frac{\sqrt{a^2 - b^2}}{a}. \tag{1.20}$$

In der Folge wollen wir unter dem Begriff Exzentrizität die numerische Exzentrizität
verstehen.

Als Beispiel sollen die Länge der großen Halbachse und die Exzentrizität der
Venus und des Jupiter berechnet werden. Die dafür notwendigen Parameter entnehmen wir Tab. 1.1. Die großen Halbachse a der Venusbahn hängt in vernünftiger

Näherung nicht von der Zeit ab[8]:

$$a = 0,723332\,AE + 0 \times T$$
$$= 0,723332\,AE + 0 \times 0,128727\,Jhd = 0,723\,AE.$$

Ihre Exzentrizität erhalten wir mit

$$e = 0,006773 - 0,000048/Jhd \times T$$
$$= 0,006773 - 0,000048/Jhd \times 0,128727\,Jhd = 0,00677.$$

Die große Halbachse a und die Exzentrizität e der Jupiterbahn entnehmen wir direkt Tab. 1.2:

$$a = 5,2027\,AE$$

und

$$e = 0,0489.$$

1.2.3   Mittlere Anomalie

Sie ist der Winkel M zwischen Planet und Perihel, wenn der Planet sich mit konstanter Winkelgeschwindigkeit, also auf einer Kreisbahn, um die Sonne bewegte:

$$M(t) = \frac{360^o}{T_u} \times (t - t_0)$$

oder im Bogenmaß

$$M(t) = \frac{2\,\pi}{T_u} \times (t - t_0). \tag{1.21}$$

Die Größe T_u ist die Umlaufzeit und t_0 ist der Zeitpunkt des Periheldurchgangs. Wenn die Bahnkurve nicht allzu sehr von einer Kreisbahn abweicht, stimmen die später behandelte wahre Anomalie v und die mittlere Anomalie annähernd überein. Für den in der Einleitung genannten Beobachtungszeitpunkt beträgt das Julianische Datum (Gl. (1.18)) und die daraus resultierende Anzahl der Jahrhunderte (Gl. (1.19))

$$JD = 2456246,75\,d \quad \text{bzw.} \tag{1.22}$$

$$T = 0,128726899\,Jhd. \tag{1.23}$$

---

[8]Wir wollen beispielsweise die große Halbachse immer a nennen, unabhängig davon, welcher Planet gerade beschrieben wird. In diesem Sinne halten wir es auch mit den anderen Bahnparametern. Das ist mathematisch nicht exakt, aber deutlich übersichtlicher, denn es wird ja an den jeweiligen Textstellen immer der betroffene Planet genannt.

Am Beispiel der Erde wird die Berechnung der mittleren Anomalie veranschaulicht. Der Tab. 1.1 werden die Koeffizienten für folgende lineare Funktion entnommen und die mittlere Anomalie der Erde für den Beobachtungszeitpunkt berechnet:

$$M = m \times T + b \tag{1.24}$$

$$= 35999,0498 \, \frac{^{\circ}}{Jhd} \times 0,128726899 \, Jhd + 357,5256\,^{\circ} \tag{1.25}$$

$$= 4991,57\,^{\circ}.$$

Das Ergebnis ist zwar richtig, aber ein Vielfaches eines Vollwinkels. Wir wollen es vereinfachen:

$$\frac{M}{360\,^{\circ}} = 13,865477.$$

Unser Ergebnis ist das 13fache vermehrt um das 0,865477fache eines Vollwinkels. Das zweckmäßigere Ergebnis berechnet sich also zu:

$$\left(\frac{M}{360\,^{\circ}} - \text{floor} \left(\frac{M}{360\,^{\circ}} \right) \right) \times 360\,^{\circ} = 311,57\,^{\circ}.$$

Analog wird mit Hilfe der Tab. 1.1 der entsprechende Wert für die Venus ermittelt.

1.2.4 Winkelgeschwindigkeit

Die Winkelgeschwindigkeit n ist der von einem Strahl von der Sonne zum Planeten überstrichene Winkel W im Zeitintervall $t_2 - t_1$. Sie wird in Grad/Tag angegeben:

$$n = \frac{W}{t_2 - t_1}.$$

Abbildung 1.5 zeigt eine schematische Darstellung. Aus Tab. 1.2 erhalten wir für die Jupiterbahn

$$n = 0,083093555 \, \frac{^{\circ}}{d} \approx 0,083 \, \frac{^{\circ}}{d}. \tag{1.26}$$

1.2.5 Winkel zwischen Bahnebene und Ebene der Ekliptik

Die Bahnen der einzelnen Planeten verlaufen nicht in derselben Ebene. Um ein Maß für die Lage der jeweiligen Ebenen zu finden, wird ihr Neigungswinkel i gegen eine Bezugsebene, die Ebene der Ekliptik genannt wird, genutzt. Abbildung 1.6 zeigt eine schematische Darstellung.

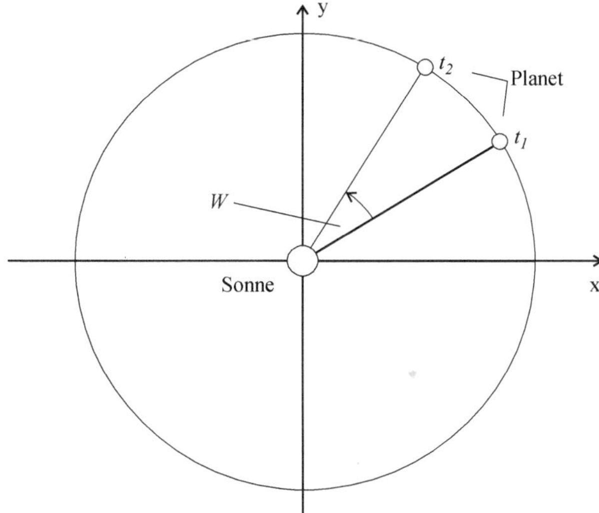

Abb. 1.5 Winkelgeschwindigkeit

Die Ekliptik ist die von der Erde aus gesehene scheinbare Bahn der Sonne vor dem Fixsternhintergrund im Laufe eines Jahres. Betrachten wir die Erde von der Sonne aus, so bewegt sich der Schwerpunkt des Systems Erde-Mond auf der Ebene, die durch die Ekliptik, die Sonnenbahn, beschrieben wird. Da dieser Schwerpunkt aber nicht im Erdmittelpunkt liegt, ist es im Allgemeinen so, dass sich die Erde, wenn auch geringfügig, außerhalb der Ebene der Ekliptik bewegt [20]. Diese geringe Abweichung wird in Anbetracht unseres Vorhabens „Ephemeridenrechnung leicht gemacht" in den folgenden Betrachtungen nicht berücksichtigt. Am Beispiel der Venus wird die Winkelberechnung gezeigt. Der Tab. 1.1 werden die Werte für den Anstieg und den Achsenabschnitt entnommen und folgende lineare Funktion aufgestellt:

$$i = 0,0010\,\frac{^\circ}{Jhd} \times T + 3,3946^\circ \tag{1.27}$$

$$= 0,0010\,\frac{^\circ}{Jhd} \times 0,1287\,Jhd + 3,3946^\circ = 3,39^\circ. \tag{1.28}$$

Abb. 1.6 Winkel i zwischen Bahnebene und Ebene der Ekliptik

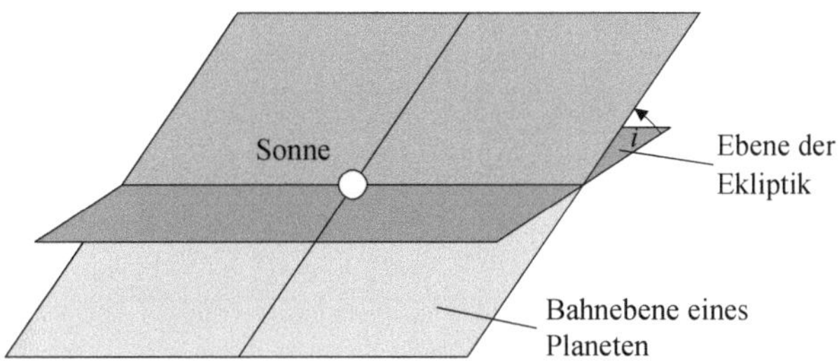

1.2.6   Länge des aufsteigenden Knotens

Der Winkel Ω heißt „Länge des aufsteigenden Knotens". Abbildung 1.7 zeigt eine schematische Darstellung. Er wird zwischen der Verbindungslinie Sonne - Frühlingspunkt, unserer x-Achse, und der Schnittlinie, der Knotenlinie, Ekliptikebene - Bahnebene in der Ebene der Ekliptik gemessen. Dem Frühlingspunkt kann kein bekanntes Objekt am Himmel zugeordnet werden. Aus den bekannten Koordinaten von sichtbaren Sternen wird die Position des Frühlingspunktes errechnet. Er lag vor etwa 2000 Jahren im Sternbild Widder und ist seit dem um etwa $30\,°$ gewandert, so dass er sich heute im Sternbild Fische befindet [21].

Mit den Werten der Tab. 1.1 berechnen wir die Länge des aufsteigenden Knotens für die Venus

$$\Omega = 76,68\,° + 0,9\,\frac{°}{Jhd} \times T$$

$$= 76,68\,° + 0,9\,\frac{°}{Jhd} \times 0,1287\,Jhd = 76,80\,° = 1,3403\,\text{rad}. \tag{1.29}$$

für unseren Beobachtungszeitpunkt.

Für die Erde ist die Länge des aufsteigenden Knotens nicht definiert, denn die Bahnebene ist identisch mit der Ebene der Ekliptik - es kann also keine Schnittlinie geben. In den nachfolgenden Berechnungen der Erdbahn wird $\Omega = 0$ gesetzt. Für den Jupiter erhalten wir aus Tab. 1.2:

$$\Omega = 100,51\,° = 1,7543\,rad.$$

1.2.7   Argument und Länge des Perihels

Der Punkt der Bahnkurve, der den geringsten Abstand zu Sonne hat, heißt Perihel. Sein Gegenüber mit dem größten Abstand nennt man Aphel. Die Verbindungslinie heißt Apsidenlinie. Das Argument des Perihels ω ist der Winkel zwischen

Abb. 1.7 Länge des aufsteigenden
Knotens Ω in der Ebene der Ekliptik

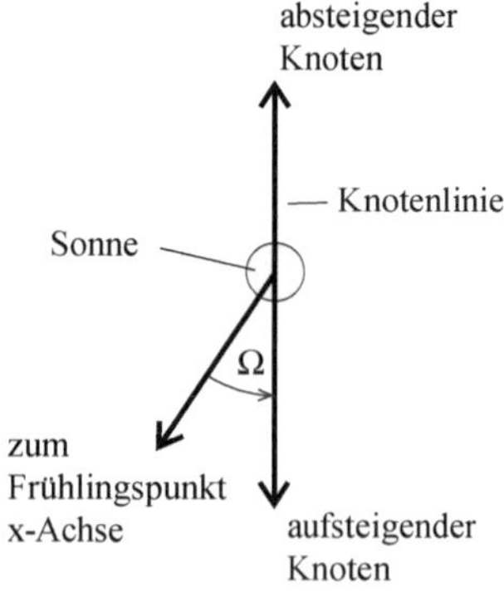

Abb. 1.8 Argument des
Perihels ω in der Bahnebene

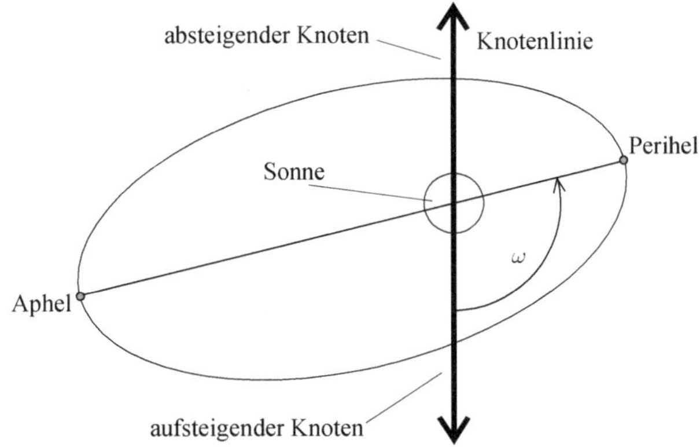

aufsteigendem Knoten und der Verbindungslinie zwischen Sonne und Perihel, dem sonnennächsten Punkt der Bahn. Es legt somit die Orientierung der großen Halbachse fest. Abbildung 1.8 enthält eine schematische Darstellung. Das Argument des Perihels wird in der Bahnebene gemessen.

Unter der Länge des Perihels $\bar{\omega}$ versteht man die Summe aus der Knotenlänge Ω und dem Argument des Perihels ω ([19], Seite 72):

$$\bar{\omega} = \Omega + \omega. \tag{1.30}$$

Zu beachten ist, dass ein Winkel, der in der Ebene der Ekliptik liegt, Ω, zu einem Winkel auf der Bahnebene, ω, addiert wird. Es gelten für die Venus:

$$\bar{\omega} = 131,5718\,^{\circ} + 1,408\,\frac{^{\circ}}{Jhd} \times T \tag{1.31}$$

$$= 131,5718\,^{\circ} + 1,408\,\frac{^{\circ}}{Jhd} \times 0,1287\,Jhd = 103,16\,^{\circ} = 1,8005\,rad \tag{1.32}$$

und die Erde

$$\bar{\omega} = 102,94\,^{\circ} + 0,3222\,\frac{^{\circ}}{Jhd} \times T$$

$$= 102,94\,^{\circ} + 0,3222\,\frac{^{\circ}}{Jhd} \times 0,1287\,Jhd = 131,75\,^{\circ} = 2,2995\,rad.$$

Das Argument des Perihels errechnet sich folglich, siehe Gl. (1.30), zu

$$\omega = \bar{\omega} - \Omega. \tag{1.33}$$

Daraus erhalten wir unter Verwendung von Gl. (1.32) und Gl. (1.29) für die Venus

$$\omega = 103,161\,^{\circ} - 76,796\,^{\circ} = 26,37\,^{\circ}.$$

1.2.8 Mittlere Länge

Hier werden zwei Werte angegeben - die mittlere Länge zum Äquinoktium des Jahres 2000, L_0, und die mittlere Länge am Tag der Beobachtung, L. Es ist der von einem Strahl von der Sonne zum Planeten überstrichene Winkel seit dem aktuellen Äquinoktium im Jahre 2000.

Am Beispiel der Erde soll die Bedeutung dieser beiden Werte verdeutlicht werden. Mit Hilfe von Gl. (1.19) werden jeweils die Jahrhunderte T_0 nach dem 1.1.2000 , 12:00 Uhr, $JD = 2451545\,d$, und T zum 15.11.2012, 6:00 Uhr, $JD = 2456246,75\,d$, berechnet. Die Anzahl der Jahrhunderte zum Zeitpunkt des Äquinoktiums T_0 ist selbstredend gleich Null:

$$T_0 = \frac{(2451545 - 2451545)\,d}{36525\,\frac{d}{Jhd}} = 0 \quad \text{und}$$

$$T = \frac{(2456246,5 - 2451545)\,d}{36525\,\frac{d}{Jhd}} = 0,1287269\,Jhd.$$

Die zugehörigen Längen betragen:

$$L_0 = 100,4656\,° + 35999,3720\,\frac{°}{Jhd} \times T_0 = 100,47\,° \quad \text{und}$$

$$L = 100,4656\,° + 36000,7690\,\frac{°}{Jhd} \times T = 4734,73\,°.$$

Die Winkeldifferenz $L - L_0 = 4634,26\,°$ wurde in 4701,75 Tagen, der Zeitdifferenz

$$(15.11.2012\ 06,00\,Uhr) - (1.1.2000\ 12,00\,Uhr),$$

überstrichen.

1.2.9 Wahre Anomalie

Zu Beginn unserer Betrachtung versetzen wir uns in den Mittelpunkt der Sonne. Dieses Bezugssystem heißt heliozentrisches Bezugssystem. Die Planeten bewegen sich auf elliptischen Bahnen um die Sonne, die sich in einem der beiden Brennpunkte der Ellipse (F,F') befindet (Abb. 1.9). Da wir vom Zentrum der Sonne aus beobachten, befinden wir uns auch auf der Bahnebene des gerade betrachteten Planeten. Es genügt, die Position des Planeten mit ebenen Polarkoordinaten zu beschreiben. Wir wählen eine Bezugslinie, die Verbindung zwischen Sonne und Perihel. Der Winkel v zwischen dieser Linie und der geradlinigen Verbindung zwischen Sonne und dem Planeten heißt wahre Anomalie. Da aufgrund der elliptischen Bahnkurve die Bahngeschwindigkeit und damit auch die Winkelgeschwindigkeit des Planeten in Abhängigkeit von seiner Position nicht konstant sind, gestaltet sich

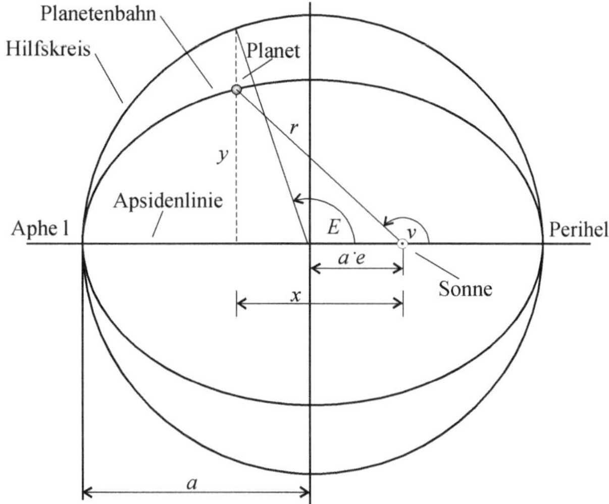

Abb. 1.9 Zusammenhang zwischen wahrer und exzentrischer Anomalie

die Berechnung der wahren Anomalie nicht ganz einfach. Sie kann jedoch mit Hilfe der Kepler-Gleichung erfolgen. Diese Gleichung liefert eine Hilfsgröße, die exzentrische Anomalie, mit deren Kenntnis wiederum in einem nächsten Schritt die wahre Anomalie berechnet werden kann. Aufgrund ihrer fundamentalen Bedeutung für die Ephemeridenrechnung soll die Herleitung dieser Gleichung gezeigt werden. Anschließend wird eine Möglichkeit zur Lösung der Gleichung aufgezeigt und damit das Ziel dieses Abschnittes, die Berechnung der wahren Anomalie, ermöglicht.

1.2.9.1 Herleitung der Kepler-Gleichung

Im Folgenden soll der Zusammenhang zwischen wahrer und mittlerer Anomalie genauer aufgezeigt werden. Als erstes betrachten wir die Fläche S eines Kreises mit dem Radius a: $S = \pi a^2$. Wird nun dieser Kreis um den Faktor $\sqrt{1 - e^2}$ zu einer Ellipse zusammengedrückt, so beträgt deren Fläche

$$S = \pi a^2 \sqrt{1 - e^2}.$$

Die Größe e ist die numerische Exzentrizität der Ellipse (siehe Gl. (A.15)). Analog zu den Überlegungen im Abschn. 1.2.3 und der Gl. (1.21) überstreicht der Verbindungsstrahl von der Sonne zum Planeten die Fläche

$$S(t) = \pi a^2 \sqrt{1 - e^2} \, \frac{t - t_0}{T_u} \tag{1.34}$$

als Funktion der Zeit. Hier ist T_u wieder die Umlaufzeit und t_0 der Zeitpunkt des Periheldurchgangs. An dieser Stelle ist es notwendig, eine neue Größe, die exzentrische Anomalie E, einzuführen. Dazu wird unsere Bahnellipse aus Abb. 1.9

um einen Hilfskreis erweitert. Der Mittelpunkt dieses Kreises liegt in der Mitte der Verbindungslinie zwischen den Brennpunkten der Ellipse. Sein Radius a ist die Strecke vom Mittelpunkt zum Perihel bzw. zum Aphel. Als Nächstes wird von der Position des Planeten aus ein Lot auf die Grundlinie gefällt. Diese Lotlinie wird nach „oben" hin verlängert, bis sie den Hilfskreis schneidet. Von diesem Schnittpunkt aus wird eine Linie zum Kreismittelpunkt eingezeichnet. Der Winkel zwischen dieser und der Grundlinie ist die exzentrische Anomalie E. Wir berechnen die x-Koordinaten des Planeten:

Aus

$$\cos(\pi - E) = \frac{x - a\,e}{a} \quad \text{folgt} \quad x = a\,e - a\,\cos(E). \tag{1.35}$$

Der zugehörige y-Wert wird völlig analog zur Koordinatentransformation von kartesischen Koordinaten zu Polarkoordinaten berechnet, nur dass das Ergebnis wie weiter oben beschrieben „gestaucht" werden muss:

$$y = a\,\sin(\pi - E)\,\sqrt{1 - e^2} \quad \text{bzw.} \quad y = a\,\sin(E)\,\sqrt{1 - e^2}. \tag{1.36}$$

Der uns interessierende Ausschnitt aus Abb. 1.9 wird noch einmal in Abb. 1.10 gezeigt. Zusätzlich sind dort die Teilflächen benannt.

Sie sind nachfolgend zusammengestellt: Der Kreissektor S_1 ist der durch die exzentrische Anomalie E gegebene Anteil der Fläche des Hilfskreises. „Stauchen" wir diesen Kreis, so erhalten wir den Ellipsensektor S_2. Die Fläche des Dreiecks S_3 berechnet sich einfach mit (Länge der Grundlinie × Höhe)/2, wobei die Höhe die y-Koordinate des Planeten ist. Der eigentlich gesuchte Sektor S wird schließlich als Differenz von Ellipsensektor und Dreieck berechnet. Die Flächen der einzelnen Sektoren sind nachfolgend aufgelistet:

$$\text{Kreissektor}(P'0A) \quad S_1 = \pi\,a^2\,E/360^\circ \tag{1.37}$$

$$\text{Ellipsensektor}(P0A) \quad S_2 = \sqrt{1 - e^2}\,S_1 \tag{1.38}$$

$$\text{Dreieck}(0 \odot P) \quad S_3 = \frac{y}{2}\,a\,e = \frac{a^2}{2}\,e\sqrt{1 - e^2}\,\sin(E) \tag{1.39}$$

$$\text{Sektor}(P \odot A) \quad S = S_2 - S_3. \tag{1.40}$$

Nachdem Gl. (1.37) in Gl. (1.38) eingesetzt wurde, verwenden wir die Gl. (1.38) und (1.39) in Gl. (1.40) und erhalten:

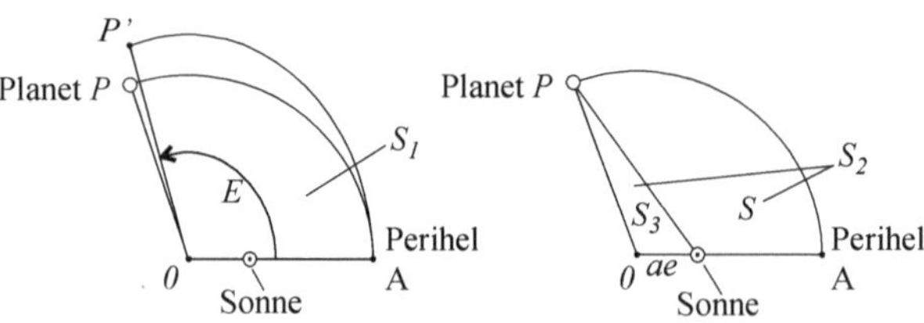

Abb. 1.10 Zur Berechnung der Sektorfläche S

$$S(t) = \sqrt{1 - e^2} \, \frac{\pi \, a^2 \, E(t)}{360} - \frac{a^2 \, e \, \sqrt{1 - e^2}}{2} \, \sin\left(E(t)\right).$$

Jetzt wird diese Gleichung mit Gl. (1.34) verglichen:

$$\frac{\pi \, E(t)}{360} - \frac{e}{2} \, \sin\left(E(t)\right) = \frac{t - t_0}{T_u} \, \pi. \tag{1.41}$$

Nach einer Multiplikation mit $360°$ ergibt sich auf der rechten Seite, vom Faktor π einmal abgesehen, direkt die mittlere Anomalie $M(t)$ (Gl. (1.21):

$$\pi \, E(t) - \frac{360° \, e}{2} \, \sin\left(E(t)\right) = \frac{360° \, (t - t_0)}{T_u} \, \pi \tag{1.42}$$

$$\pi \, E(t) - \frac{360° \, e}{2} \, \sin\left(E(t)\right) = M(t) \, \pi \tag{1.43}$$

Diese Gleichung wird nach $M(t)$ umgestellt und wir erhalten die Kepler-Gleichung im Gradmaß,

$$M(t) = E(t) - \frac{180° \, e \, \sin\left(E(t)\right)}{\pi}, \tag{1.44}$$

oder nach Division durch $360°$ und Multiplikation mit 2π im Bogenmaß,

$$M(t) = E(t) - e \, \sin\left(E(t)\right). \tag{1.45}$$

Die Kepler-Gleichung ist die Beziehung zwischen exzentrischer Anomalie und der Zeit.

1.2.9.2   Lösung der Kepler-Gleichung

Üblicherweise wird die Zeitabhängigkeit der mittleren und der exzentrischen Anomalie nicht explizit dargestellt. Deshalb schreiben wir nochmals die Kepler-Gleichung in der am häufigsten anzutreffenden Form auf:

$$E - \frac{180^o}{\pi} \, e \, \sin E = M \quad \text{oder im Bogenmaß} \quad E - e \, \sin E = M. \tag{1.46}$$

Das Problem besteht nun darin, diese Gleichung nach E aufzulösen. Dazu bringen wir sie in folgende Form:

$$0 = M - E + e \, \sin E \quad \text{bzw.} \quad 0 = M - E + \frac{180^o}{\pi} \, e \, \sin E.$$

Jetzt wird deutlich, dass die Nullstelle einer Funktion gesucht wird. Wir wollen das im Abschn. A.1 beschriebene Newton-Verfahren zur Auflösung nach E benutzen:

$$E_{i+1} = E_i - \frac{M - E_i + \frac{180^o}{\pi}\, e\, \sin E_i}{e\, \cos E_i - 1}. \tag{1.47}$$

Es ergibt sich die Gleichung im Gradmaß. Soll im Bogenmaß gerechnet werden, so gilt:

$$E_{i+1} = E_i - \frac{M - E_i + e\, \sin E_i}{e\, \cos E_i - 1}. \tag{1.48}$$

Zur Lösung der Gl. (1.47) bzw. Gl. (1.48) wird ein vorher abzuschätzener Wert E_i eingesetzt und der Wert E_{i+1} berechnet. Im nächsten Iterationsschritt wird der Wert E_{i+1} als E_i eingesetzt und ein neuer Wert E_{i+1} ermittelt. Es empfiehlt sich die Iterationen solange durchzuführen, bis $|E_{i+1} - E_i| < 0,00001\,^\circ$ (Gradmaß) bzw. $|E_{i+1} - E_i| < 0,0000001$ (Bogenmaß) ist.

Aus Tab. 1.1 erhalten wir für die Venus:

$$M = 50,4071\,^\circ + 58517,8039\, \frac{^\circ}{Jhd} \times T$$

$$= 50,4071\,^\circ + 58517,8039\, \frac{^\circ}{Jhd} \times 0,1287\, Jhd = 7583,22\,^\circ. \tag{1.49}$$

Das ist ein Mehrfaches des Vollwinkels von 360°. In Anlehnung an die in Abschn. 1.2.3 beschriebene Vorgehensweise dividieren wir das Ergebnis durch den Vollwinkel und erhalten $M = 21,064507\,^\circ$, also 21 Vollkreise und das $0,064507$-Fache eines Vollkreises. Die mittlere Anomalie beträgt somit

$$M = 0,0645 \times 360\,^\circ = 23,22\,^\circ = 0,4053\, rad.$$

Benötigt wird weiterhin die Exzentrizität (siehe Tab. 1.1):

$$e = -0,000048\, \frac{^\circ}{Jhd} \times T + 0,006773\,^\circ \tag{1.50}$$

$$= -0,000048\, \frac{^\circ}{Jhd} \times 0,1287\, Jhd + 0,006773\,^\circ = 0,0068\,^\circ. \tag{1.51}$$

Jetzt beginnt die eigentliche Berechnung der exzentrischen Anomalie. Wir verwenden Gl. (1.48) und setzen als ersten Schätzwert für E_i die mittlere Anomalie, Gl. (1.49), ein. Die Formel ergibt den neuen Wert $E_{i+1} = 0,4079943$. Wird die Rechnung wiederholt, so ändert sich dieser Wert nicht. Die exzentrische Anomalie beträgt

$$E = 0,4080\, rad. \tag{1.52}$$

Tab. 1.3 Zusammenfassung der Bahnparameter

Kenngröße	Erde	Venus	Jupiter
a/AE	1,0000	0,7233	5,2027
e	0,0167	0,0068	0,0489
$M/°$	311,57	23,22	50,61
r/AE	0,9891	0,7188	5,0490
$E/°$	310,85	23,38	52,84
$v/°$	310,12	23,53	55,11
$\bar{\omega}/°$	103,16	131,75	14,43
$\Omega/°$	0	76,80	100,51
$i/°$	0	3,39	1,30
$u/°$	53,28	78,49	149,02
$L/°$	4734,73	7689,05	

Entsprechend berechnen wir die Werte für den Jupiter und die Erde. Sie sind in Tab. 1.3 enthalten.

1.2.9.3 Berechnung der wahren Anomalie

Nachdem wir gelernt haben, die exzentrische Anomalie zu berechnen, können wir auf direktem Weg die wahre Anomalie v ermitteln. Die dazu notwendigen Größen enthält Abb. 1.11. Wir betrachten die Polargleichung einer Ellipse ([3], Seite 85; [6],

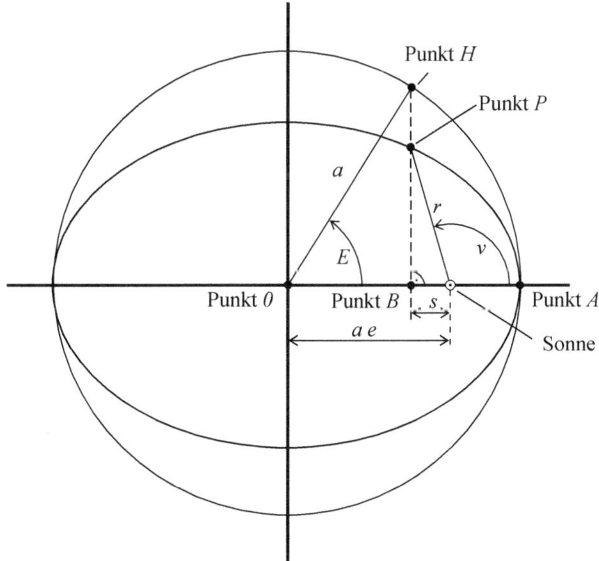

Abb. 1.11 Berechnung der wahren Anomalie

Seite 184; [1], Seite 52) eingebettet in einen Einheitskreis[9] ($a = 1$):

$$r = \frac{1 - e^2}{1 + e \cos(v)} \quad \text{bzw.} \quad r(1 + e \cos(v)) = 1 - e^2$$

und ausmultipliziert

$$r + r e \cos(v)) = 1 - e^2. \tag{1.53}$$

Aus dem Dreieck $\triangle(0BH)$ folgt

$$\frac{e - s}{a} = e - s = \cos(E)$$

und weiterhin erhalten wir aus dem Dreieck $\triangle(\odot BP)$

$$s = r \cos(\pi - v) = -r \cos(v).$$

Im nächsten Schritt eliminieren wir s:

$$s = -\cos(E) + e \quad \text{und}$$
$$s = -r \cos(v).$$

Daraus ergibt sich

$$-\cos(E) + e = -r \cos(v) \quad \text{oder besser}$$
$$\cos(E) - e = r \cos(v). \tag{1.54}$$

Jetzt setzen wir Gl. (1.54) in Gl. (1.53) ein:

$$r = 1 - e \cos(E). \tag{1.55}$$

Durch Addition und Subtraktion der Gl. (1.55) und (1.54) erhalten wir:

$$r(1 + \cos(v)) = (1 - e)(1 + \cos(E)) \tag{1.56}$$
$$r(1 - \cos(v)) = (1 + e)(1 - \cos(E)) \tag{1.57}$$

Danach dividieren wir die Gl. (1.56) durch die Gl. (1.57):

$$\frac{1 + \cos(v)}{1 - \cos(v)} = \frac{1 - e}{1 + e} \frac{1 + \cos(E)}{1 - \cos(E)}. \tag{1.58}$$

---

[9]Um zu vermeiden, dass wir in der nachstehenden Berechnung der wahren Anomalie in den meisten Zeilen eine Längeneinheit einfügen müssen (z. B. $a = 1\,AE$), sehen wir die Größen r und a als dimensionslos an, zumal sie im Ergebnis unserer Betrachtung nicht vorkommen.

Mit folgenden Transformationen

$$1 + \cos(x) = 2\cos^2\left(\frac{x}{2}\right) \quad \text{und} \tag{1.59}$$

$$1 - \cos(x) = 2\sin^2\left(\frac{x}{2}\right) \tag{1.60}$$

wird aus Gl. (1.58)

$$\frac{\sin^2\left(\frac{v}{2}\right)}{\cos^2\left(\frac{v}{2}\right)} = \frac{1+e}{1-e} \times \frac{\sin^2\left(\frac{E}{2}\right)}{\cos^2\left(\frac{E}{2}\right)}.$$

Es folgt der letzte Schritt:

$$\tan\frac{v}{2} = \sqrt{\frac{1+e}{1-e}} \times \tan\left(\frac{E}{2}\right),$$

und dann nach v aufgelöst, erhalten wir

$$v = 2\arctan\left(\sqrt{\frac{1+e}{1-e}} \times \tan\left(\frac{E}{2}\right)\right). \tag{1.61}$$

Das ist der reale Winkel v zwischen dem Planeten und dem Perihel, der sich durch die Abweichung der Planetenbahn von einer Kreisbahn von der mittleren Anomalie unterscheidet (siehe nochmals Abb. 1.9).

Am Beispiel der Venus wird die Rechnung gezeigt: Die Exzentrizität der Bahnellipse und die exzentrische Anomalie entnehmen wir Gl. (1.50) und Gl. (1.52) zu $e = 0,0067668211$ bzw. $E = 0,408013$. Damit erhalten wir mit Gl. (1.61) die wahre Anomalie für unseren einleitend genannten Beobachtungszeitpunkt zu

$$v = 2\arctan\left(\sqrt{\frac{1+0,0067668211}{1-0,0067668211}} \times \tan\left(\frac{0,408013}{2}\right)\right)$$

$$= 23,53° = 0,4107\,rad. \tag{1.62}$$

Wiederholen wir die für die Venus demonstrierte Berechnung der wahren Anomalie für die Erde und den Jupiter, so erhalten wir die in Tab. 1.3 aufgelisteten Werte.

1.2.10 Abstand Planet-Sonne

Vergegenwärtigen wir uns nochmals unsere Situation. Unser Bezugssystem ist die Bahnebene. Die Bezugsachse ist der Strahl vom Sonnenmittelpunkt zum Perihel. Von den beiden Koordinaten des ebenen Polarkoordinatensystems kennen wir bis jetzt nur die wahre Anomalie, also den Winkel zwischen den Strahlen von der Sonne zum Perihel und zum Planeten. Weiterhin sind die Exzentrizität, die Entfernung zum Perihel und die exzentrische Anomalie als Hilfsgrößen bekannt. Letzterer kommt eine große Bedeutung zu. Obwohl wir lediglich Winkel, die Abweichung der Bahn von der Kreisform und die Entfernung zum Perihel kennen, ist es jetzt möglich, den Abstand r zwischen Sonne und dem Planeten zu berechnen.

Der Abstand r zwischen Sonne und Planet wird direkt aus der exzentrischen Anomalie und der großen Halbachse berechnet. Die Abstände in x- und y-Richtung des Planeten von der Sonne sind uns bereits bekannt (Gl. (1.34) und (1.35)). Es verbleibt uns nur noch die Entfernung r auszurechnen:

$$r = \sqrt{x^2 + y^2}.$$

Durch Einsetzen der genannten Gleichung erhalten wir

$$r = \sqrt{(a\,e - a\,\cos{(E)})^2 + (a\,\sin{(E)}\,\sqrt{1 - e^2})^2}.$$

Das wird vereinfacht unter Verwendung von $(\sin{(E)})^2 + (\cos{(E)})^2 = 1$ zu

$$r = a\,(1 - e\,\cos E). \tag{1.63}$$

Mit $a = 0,723332\,AE$, $E = 0,4079943$ und $e = 0,00676682$ erhalten wir für den Planeten Venus: $r = 0,7188\,AE$. Die Abstände der Erde und des Jupiter enthält Tab. 1.3.

1.2.11 Bahngeschwindigkeit

Die Berechnung der Bahngeschwindigkeit eines Körpers, der sich auf einer elliptischen Bahn um einen Zentralkörper bewegt, wird mit dem Vis-viva-Gesetz durchgeführt ([9], Seite 67). Wir gehen zur Herleitung dieses Gesetzes von der Formel für die Gesamtenergie eines Planeten mit der Masse m aus, der sich um das Zentralgestirn mit der Masse M bewegt (siehe Gl. (1.2)). Hierbei betrachten wir zwei verschiedene Zustände. Zum einen soll sich der Planet im Aphel, dem erdfernsten Punkt seiner Bahn mit dem Abstand von der Sonne r_a, und zum anderen im Perihel, dem erdnächsten Punkt mit dem Abstand r_p, befinden [22]. Wir multiplizieren die genannte Formel jeweils mit r_a^2 bzw. r_p^2 und erhalten:

$$E\,r_a^2 = \frac{m}{2}\,v_a^2\,r_a^2 - \gamma\,M\,m\,r_a \quad \text{und}$$

$$E\,r_p^2 = \frac{m}{2}\,v_p^2\,r_p^2 - \gamma\,M\,m\,r_p.$$

Aus dem Drehimpulserhaltungssatz folgt $r_p\, v_p \;=\; r_a\, v_a$. Wir formen die zweite Gleichung damit um und subtrahieren sie danach von der ersten:

$$E\, r_a^2 - E\, r_p^2 = \frac{m}{2}\, v_a^2\, r_a^2 - \frac{m}{2}\, v_a^2\, r_a^2 - \gamma\, M\, m\, r_a - \gamma\, M\, m\, r_p$$

$$E\,(r_a^2 - r_p^2) = -\gamma\, M\, m\,(r_a - r_p). \tag{1.64}$$

Es folgt die Division durch $r_a^2 - r_p^2 = (r_a + r_p)\,(r_a - r_p)$:

$$E = -\gamma\, M\, m\; \frac{r_a - r_p}{(r_a + r_p)\,(r_a - r_p)}. \tag{1.65}$$

Wir nutzen, dass die Summe der Abstände zum Perihel und zum Aphel zweimal die Länge der großen Halbachse a beträgt und schreiben

$$E = -\gamma\, M\, m\; \frac{1}{2\, a}. \tag{1.66}$$

Das ist die Gesamtenergie in Abhängigkeit von der großen Halbachse. Daraus folgernd schreiben wir:

$$-\gamma\, M\, m\; \frac{1}{2\, a} = \frac{1}{2} m\, v^2 - \frac{\gamma\, M\, m}{r}. \tag{1.67}$$

Es verbleibt uns nur noch diese Beziehung nach v^2 aufzulösen

$$v^2 = \gamma\,(M + m)\left(\frac{2}{r} - \frac{1}{a}\right). \tag{1.68}$$

An dieser Stelle wird darauf hingewiesen, dass in der Astronomie zusätzlich zur normalerweise bei der Beschreibung physikalischer Probleme verwendeten „klassischen" Gravitationskonstante

$$\gamma = 6{,}67384 \times 10^{-11}\; m^3\, kg^{-1}\, s^{-2} \tag{1.69}$$

zur Erleichterung der Rechnung eine weitere Gravitationskonstante

$$G = 2{,}959122083 \times 10^{-4}\; AE^3\, M_s^{-1}\, d^{-2} \tag{1.70}$$

verwendet wird. In diese geht die Masse der Sonne M_s ein, die Entfernungseinheit beträgt eine astronomische Einheit und die Zeit wird in Tagen gemessen ($24\,h/d \times 3600\,s/h = 86400\,s/d$). Wir zeigen die Übereinstimmung der beiden Konstanten. Aus

$G = 2,959122083 \times 10^{-4}\, AE^3\, M_s^{-1}\, d^{-2}$ wird

$$\gamma = 2,959122083 \times 10^{-4}\, (1,4959 \times 10^{11}\, m)^3\, (1,9884 \times 10^{30}\, kg)^{-1}\, (24 \times 3600\, s)^{-2}$$

$$= 6,67384 \times 10^{-11}\, m^3\, kg^{-1}\, s^{-2}.$$

Die Größe r (siehe Gl. (1.63)) ist hier der Abstand zwischen dem Planeten und der Sonne und a ist die Länge der großen Halbachse der Bahnellipse. Beide werden in Astronomischen Einheiten AE angegeben. Die Masse der Sonne beträgt $1 \times M_s$ und beispielsweise die Erdmasse beträgt $(1/332946 \times M_s)$. Selbstverständlich kann auch die „richtige" Gravitationskonstante γ anstatt G verwendet werden. Dann werden alle Größen wie gewohnt im SI-System eingegeben.

Wir nutzen Gl. (1.68), um die Bahngeschwindigkeit der Erde um die Sonne zu berechnen, wenn sie genau eine astronomische Einheit von der Sonne entfernt ist (Entfernung r). Dazu entnehmen wir Tab. 2.7 die Masse der Sonne, $M_s = 1,9884 \times 10^{30}\, kg$, die Masse der Erde, $m_e = 5,974 \times 10^{24}\, kg$, sowie die Länge einer astronomischen Einheit, $AE = 1,496 \times 10^{11}\, m$, und erhalten damit auch die Länge der großen Halbachse a:

$$v^2 = \gamma\, (M_s + m_e) \left(\frac{2}{r} - \frac{1}{a} \right)$$

$$v^2 = 6,674 \times 10^{-11}\, \frac{m^3}{kg\, s^2}\, \left(1,988 \times 10^{30}\, kg + 5,974 \times 10^{24}\, kg \right)$$

$$\times \left(\frac{2}{1,496 \times 10^{11}\, m} - \frac{1}{1,496 \times 10^{11}\, m} \right)$$

$$v^2 = 8,870 \times 10^8\, \frac{m^2}{s^2} \quad \text{d. h.}$$

$$v = 2,978 \times 10^4\, \frac{m}{s}. \tag{1.71}$$

Wir wiederholen die Rechnung mit der „astronomischen" Gravitationskonstanten. Die Sonnenmasse beträgt jetzt $M_s = 1$. Die Masse der Erde wird auf die Masse der Sonne bezogen und damit zu $(5,974 \times 10^{24}\, kg)/(1,9884 \times 10^{30}\, kg) = 3,004425 \times 10^{-6}$. Die Zeiteinheit ist ein Tag, $d = 1$, und die Längen r und a haben jeweils den Betrag 1.

$$v^2 = G\, (M_S + m_e) \left(\frac{2}{r} - \frac{1}{a} \right)$$

$$v^2 = 2,959 \times 10^{-4}\, AE^3\, M_s^{-1}\, d^{-2} \times \left((1 + 3,004 \times 10^{-6})\, M_s \right) \times \left(\frac{2}{1\, AE} - \frac{1}{1\, AE} \right)$$

$$v^2 = 2,959 \times 10^{-4}\, \frac{AE^2}{d^2} \quad \text{d. h.}$$

$$v = 1,720 \times 10^4\, \frac{AE}{d}.$$

Zur Kontrolle rechnen wir diese ungewohnte Angabe der Geschwindigkeit in die erstgenannte Form um:

$$v = 1,720 \times 10^4 \frac{AE}{d} \times \frac{1,496 \times 10^{11}\, m\,AE^{-1}}{24\,h\,d^{-1} \times 3600\,s\,h^{-1}} = 2,978 \times 10^4 \frac{m}{s}.$$

Dieser Wert stimmt mit dem Ergebnis oben genannter Rechnung (Gl. (1.71)) überein. Natürlich müssen beide Rechenwege zum selben Ergebnis führen.

1.2.12   Argument der Breite

Gegeben ist die wahre Anomalie v zu einem bestimmten Zeitpunkt. Weiterhin sind die Länge des aufsteigenden Knotens Ω sowie der Winkel zwischen der Ebene der Ekliptik und der Bahnebene i bekannt. Dazu soll als erstes das Argument der Breite u berechnet werden. Das ist der Winkel zwischen aufsteigendem Knoten und dem Planeten (Abb. 1.12):

$$u = \omega + v. \tag{1.72}$$

Unter Verwendung von Gl. (1.30) wird daraus

$$u = \omega + v = \bar{\omega} - \Omega + v. \tag{1.73}$$

Das Argument der Breite für den Planeten Venus berechnen wir unter Verwendung von $\Omega = 76,7959\,°$, siehe Gl. (1.29), $\bar{\omega} = 131,7530\,°$, siehe Gl. (1.32) und $v = 23,5318\,°$, siehe Gl. (1.62), zu

$$u = 131,7530\,° - 76,7959\,° + 23,5318\,° = 78,49\,° = 1,3699\,rad.$$

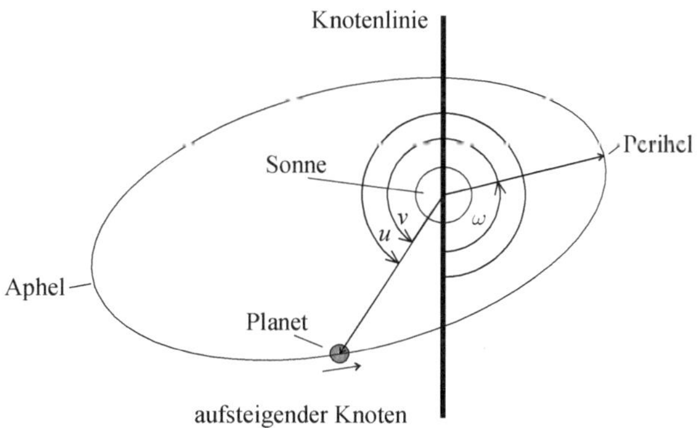

Abb. 1.12 Argument der Breite u, die wahre Anomalie v und das Argument des Perihels ω

1.2.13 Zusammenstellung der bisher ermittelten Bahnparameter

In Tab. 1.3 werden die bisher im Abschn. 1.2 ermittelten Bahnparameter der Erde, der Venus und des Jupiter zusammengestellt. Die reduzierte Anzahl der Nachkommastellen soll genügen, denn die Werte der Tabelle dienen lediglich zur Kontrolle eigener Rechnungen beim Nachvollziehen einzelner Abschnitte.

Literatur

[1] Vogel, H.: Gerthsen Physik. Springer-Verlag, Berlin Heidelberg (1997)

[2] Westphal, W.H.: Physik. Springer-Verlag, Berlin Göttingen Heidelberg (1950)

[3] Jaworski, B.M., Detlaf, A. A.: Physik griffbereit. Akademie-Verlag, Berlin (1973)

[4] Die Kepler'schen Gesetze, ohne Angabe der Autoren in https://de.wikipedia.org/wiki/Keplersche_Gesetze, letzter Zugriff am 22.5.2017

[5] Definition einer Ellipse als geometrischer Ort, ohne Angabe der Autoren in https://de.wikipedia.org/wiki/Ellipse#Ellipse_als_Kegelschnitt, letzter Zugriff am 22.5.2017

[6] Bronstein, I.N., Semendjajew, K.A.: Taschenbuch der Mathematik. BSB B. G. Teubner Verlagsgesellschaft, Leipzig (1969)

[7] Die Kepler'schen Gesetze dargestellt vom Landesinstitut für Schulentwicklung, Stuttgart, in http://www.schule-bw.de/unterricht/faecher/physik/online_material/mechanik2\kepler/keplergravi.htm, letzter Zugriff am 3.11.2016

[8] Guthmann, A.: Einführung in die Himmelsmechanik und Ephemeridenrechnung. BI-Wissenschaftsverlag, Mannheim, Leipzig, Wien, Zürich (1994)

[9] Montenbruck, O.: Grundlagen der Ephemeridenrechnung. Spektrum Akademischer Verlag, Heidelberg (2005)

[10] Eggl, S.: Kepler'sche Bahnelemente in https://www.univie.ac.at/adg/Teaching/Grundlagen12/ke.pdf, letzter Zugriff am 22.5.2017

[11] Die Kepler'schen Bahnelemente im Lexikon der Kartographie und Geomatik, Spektrum Akademischer Verlag, Heidelberg, 2001, ohne Angabe der Autoren in http://www.spektrum.de/lexikon/kartographie-geomatik/keplersche-bahnelemente/2797, letzter Zugriff am 22.5.2017

[12] Standish, E.M.: JPL Planetary and Lunar Ephemerides, DE 405/LE 405. Technical report, JPL Interoffice Memorandum IOM 312.F - 98 - 048, 1998.

[13] Standish, E.M., Williams, J.G.: CHAPTER 8: Orbital Ephemerides of the Sun, Moon, and Planets. ftp://ssd.jpl.nasa.gov/.../planets/.../ExplSupplChap8 ohne Erscheinungsjahr, letzter Zugriff am 22.5.2017

[14] ftp://ssd.jpl.nasa.gov/pub/eph/planets/.../de405.iom

[15] E M Standish, The Jet Propulsion Laboratory, California Institute of Technology, 1997; JPL Planetary and Lunar Ephemerides on CD-ROM. in www.willbell.com/software/jpl.htm, letzter Zugriff am 22.5.2017

[16] Das Julianische Datum, ohne Angabe der Autoren in https://de.wikipedia.org/wiki/Julianisches_Datum ohne Autorenangabe, letzter Zugriff am 22.5.2017

[17] Rainer Stumpe, 2016, in http://www.rainerstumpe.de/Astro/zeitsysteme.html, letzter Zugriff am 22.5.2017

[18] Das Äquinoktium, ohne Angabe der Autoren in https://de.wikipedia.org/wiki/%C3%84quinoktium, letzter Zugriff am 22.5.2017

[19] Montenbruck, O., Pfleger, T.: Astronomie mit dem Personal Computer. Springer, Berlin (2004).

[20] Die Ekliptik, ohne Angabe der Autoren in https://de.wikipedia.org/wiki/Ekliptik, letzter Zugriff am 22.5.2017

[21] Präzession und Nutation, ohne Angabe der Autoren in http://www.physik.uni-frankfurt.de/Dechend/Dateien\/Pr%E4zession%20und%20Nutation.htm größtenteils entnommen aus http://www.greier-greiner.at/hc/praezession.htm, letzter Zugriff am 22.5.2017

[22] Die Vis-Viva-Gleichung, ohne Angabe der Autoren in https://de.wikipedia.org/wiki/Vis-Viva-Gleichung, letzter Zugriff am 22.5.2017

Koordinatentransformationen 2

Bis jetzt haben wir gelernt, die Bahnparameter und eine Anzahl von Kenngrößen, welche die Umlaufbahn eines Planeten um die Sonne beschreiben, zu berechnen. Wir kennen neben der wahren Anomalie oder der Breite vor allem auch den Abstand der Planeten von der Sonne in Abhängigkeit von der Zeit.

Nach der Vorstellung der Rechenmethode beschreiben wir noch einmal kurz die Verhältnisse in der Bahnebene. Das bringt uns zwar eigentlich keine neuen Erkenntnisse, dient aber dazu, die Übersichtlichkeit auf dem vor uns liegenden Rechenweg zu wahren. Der Ausgangspunkt unserer Berechnung ist die Position des Planeten in Polarkoordinaten in der Bahnebene. Der Endpunkt des Rechenweges sind die Koordinaten im Horizontsystem. Das sind die Koordinaten, mit denen ein Beobachter, der auf der Erdoberfläche steht, den Planeten sehen kann. Zur Erreichung unseres Ziels sind eine Reihe von Koordinatentransformationen notwendig:

- Von der Erde einmal abgesehen, sind die Bahnebenen der Planeten um einen kleinen Winkel zur Ebene der Ekliptik geneigt. In einem ersten Schritt werden die Koordinaten von der Bahnebene zu Koordinaten der Ebene der Ekliptik transformiert. Unser Bezugspunkt ist die Sonne. Die ausgezeichnete Richtung ist die zum Frühlingspunkt. Wir erhalten die Koordinaten im heliozentrisch ekliptikalen Bezugssystem.
- Da wir von der Erde aus die Position der Planeten bestimmen wollen, folgt eine Transformation in das ekliptikale System der Erde. Die Bezugsebene ist wieder die Ebene der Ekliptik. Der Koordinatenursprung ist der Erdmittelpunkt und die Bezugsrichtung ist die x-Achse, der Strahl von der Sonne zum Frühlingspunkt.[1] Wir erhalten die Kenngrößen in geozentrischen ekliptikalen Koordinaten.
- Die Erdachse steht nicht senkrecht auf der Ebene der Ekliptik, sondern ist etwas geneigt. Deshalb drehen wir in einem nächsten Schritt die Bezugsebene so, dass

---

[1]Dem Frühlingspunkt kann kein kosmisches Objekt zugeordnet werden. Er befindet sich praktisch beliebig weit entfernt, sowohl von der Sonne als auch von der Erde. Deshalb können wir, ohne einen sich auswirkenden Fehler zu machen, die x-Achse vom Sonnenmittelpunkt zum Frühlingspunkt der x-Achse vom Erdmittelpunkt zum Frühlingspunkt gleichsetzen.

© Springer-Verlag GmbH Deutschland 2017
D. Richter, *Ephemeridenrechnung Schritt für Schritt*,
https://doi.org/10.1007/978-3-662-54716-8_2

die Erdachse senkrecht auf ihr steht. Die Bezugsebene ist jetzt die Äquatorebene. Der Koordinatenursprung ist nach wie vor der Erdmittelpunkt und die Bezugsrichtung ist der Strahl zum Frühlingspunkt. Das Ergebnis sind geozentrische äquatoriale Koordinaten.

- In einem nächsten Schritt verschieben wir unsere bisherige Bezugsebene parallel bis zum Standpunkt des Beobachters. Dieses Bezugssystem nennt man topozentrisches äquatoriales System. Der Koordinatenursprung ist der Standort des Beobachters. Die Bezugsrichtung ist die Richtung zum Frühlingspunkt.
- Sind der Standort des Beobachters, d. h. die geographische Länge und Breite, sowie der Beobachtungszeitpunkt bekannt, so können die Koordinaten weiterhin in das Horizontsystem umgewandelt werden. Die Bezugsebene ist jetzt die Ebene, die tangential die Erde im Standpunkt des Beobachters berührt. Der Koordinatenursprung ist jetzt der Standpunkt des Beobachters und die Bezugsrichtung ist die Richtung nach Süden.

Somit haben wir die Blickrichtung des Beobachters, die Länge, und den Blickwinkel über dem Horizont, die Breite, wenn er auf den Planeten schaut. Doch bevor wir mit den Koordinatentransformationen beginnen, soll die notwendige Rechenmethode beschrieben werden.

2.1 Rechenmethode zur Koordinatentransformation

Wir beginnen mit den bekannten kartesischen Koordinaten. Diese werden in räumliche Polarkoordinaten transformiert. Anschließend wird erläutert, wie zuerst die kartesischen Koordinaten und anschließend die räumlichen Polarkoordinaten in einem anderen Bezugssystem errechnet werden. Im Allgemeinen ist das neue Bezugssystem gegenüber dem alten verschoben und auch verdreht. Das bedeutet den Wechsel in eine andere Bezugsebene, eine neue Bezugsrichtung und Beobachtungsposition.

Die Abb. 2.1 zeigt den Zusammenhang zwischen kartesischen und räumlichen Polarkoordinaten. Dabei ist zu beachten, dass der Winkel θ, der ein Maß für die

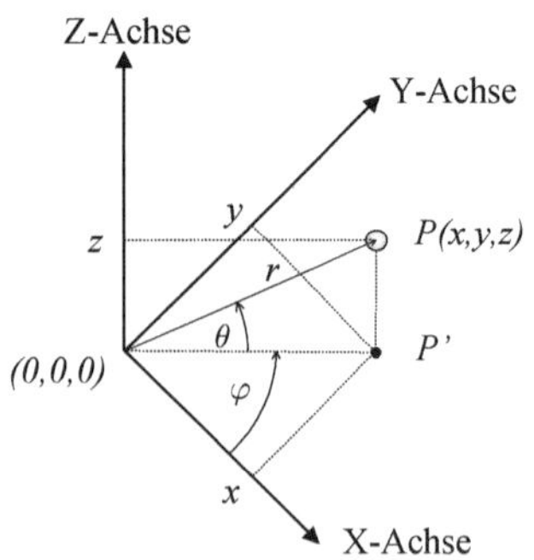

Abb. 2.1 Zusammenhang zwischen kartesischen und räumlichen Polarkoordinaten

Höhe des Punktes P über der xy-Ebene ist, in Mathematiklehrbüchern üblicherweise zwischen der Verbindungslinie vom Koordinatenursprung $(0, 0, 0)$ zum Punkt P und der z-Achse aufgetragen wird. Hier ist er der Winkel zwischen der Verbindungslinie vom Punkt $(0, 0, 0)$ zum Punkt P' und dem Strahl vom Koordinatenursprung zum Punkt P. Letztgenannter hat die Länge r, den Abstand des Punktes P vom Koordinatenursprung. Die räumlichen Polarkoordinaten $P(r, \theta, \varphi)$ sind mit den zugehörigen kartesischen Koordinaten $P(x, y, z)$ wie folgt miteinander verknüpft:

$$x = r \cos(\varphi) \cos(\theta) \tag{2.1}$$

$$y = r \sin(\varphi) \cos(\theta) \tag{2.2}$$

$$z = r \sin(\theta). \tag{2.3}$$

Die Gleichungen können auch in Matrizenform geschrieben werden:

$$\begin{pmatrix} x \\ y \\ z \end{pmatrix} = \begin{pmatrix} \cos(\varphi)\cos(\theta) \\ \sin(\varphi)\cos(\theta) \\ \sin(\theta) \end{pmatrix} \times r. \tag{2.4}$$

Diese eigentlich einfachen und naheliegenden Beziehungen werden nach Koordinatentransformationen benötigt, um die Polarkoordinaten im neuen System zu ermitteln. Dazu gehen wir folgendermaßen vor. Wir nehmen an, dass die kartesischen Koordinaten bekannt sind. Sie können beispielsweise durch eine Aufgabenstellung gegeben sein, oder wir erhalten sie, was bei unseren Anwendungsfällen vorliegt, durch eine Koordinatentransformation von einem Bezugssystem in ein anderes. Um die zugehörigen Polarkoordinaten zu finden, betrachten wir das Gleichungssystem Gl. (2.1) bis (2.3) oder die Gl. (2.4) in Matrizenform. In beiden Fällen sind die kartesischen Koordinaten (x, y, z) bekannt und es ist jeweils nach den Polarkoordinaten (r, θ, φ) aufzulösen.

Dieses wird nachstehend an einem Beispiel erläutert. Zuvor werden noch die Matrizen R_x, R_y und R_z genannt, die notwendig sind, Drehungen des Koordinatensystems um die entsprechenden Achsen durchzuführen:

$$R_x = \begin{pmatrix} 1 & 0 & 0 \\ 0 & \cos(\alpha) & -\sin(\alpha) \\ 0 & \sin(\alpha) & \cos(\alpha) \end{pmatrix} \tag{2.5}$$

$$R_y = \begin{pmatrix} \cos(\alpha) & 0 & \sin(\alpha) \\ 0 & 1 & 0 \\ -\sin(\alpha) & 0 & \cos(\alpha) \end{pmatrix} \tag{2.6}$$

$$R_z = \begin{pmatrix} \cos(\alpha) & -\sin(\alpha) & 0 \\ \sin(\alpha) & \cos(\alpha) & 0 \\ 0 & 0 & 1 \end{pmatrix}. \tag{2.7}$$

In unserem Übungsbeispiel wollen wird das Koordinatensystem (x, y, z) um den Winkel $(-\alpha)$ um die x-Achse drehen.[2] Die Koordinaten im neuen System sollen (x', y', z') heißen. Anschließend können die zugehörigen räumlichen Polarkoordinaten berechnet werden. Abgesehen von der Entfernung sind das diejenigen Winkel, die, etwas salopp formuliert, ein Beobachter im neuen, gestrichenen System an seinem Fernrohr einstellen muss, um den Punkt P zu sehen. Die neuen kartesischen Koordinaten erhalten wir durch Multiplikation der Rotationsmatrix R_x mit den „alten" Koordinaten von Gl. (2.4).

$$
\begin{pmatrix} x' \\ y' \\ z' \end{pmatrix} = \begin{pmatrix} 1 & 0 & 0 \\ 0 & \cos(\alpha) & -\sin(\alpha) \\ 0 & \sin(\alpha) & \cos(\alpha) \end{pmatrix} \begin{pmatrix} \cos(\varphi)\cos(\theta) \\ \sin(\varphi)\cos(\theta) \\ \sin(\theta) \end{pmatrix} \times r \qquad (2.8)
$$

Diese Gleichung muss nun ausmultipliziert werden:

$$
x' = (1\,(\cos(\varphi)\cos(\theta) + 0\,(\sin(\varphi)\cos(\theta)) + 0\,\sin(\theta))\,r \quad \text{und damit}
$$

$$
x' = (\cos(\varphi)\cos(\theta))\,r. \qquad (2.9)
$$

Wir sehen, dass bei der Drehung um die x-Achse die x-Koordinaten unverändert bleiben. Auf die gleiche Weise werden jetzt y' und z' berechnet:

$$
y' = (\cos(\alpha)\sin(\varphi)\cos(\theta) - \sin(\alpha)\sin(\theta))\,r \qquad (2.10)
$$

$$
z' = (\sin(\alpha)\sin(\varphi)\cos(\theta) + \cos(\alpha)\sin(\theta))\,r. \qquad (2.11)
$$

Jetzt sind die kartesischen Koordinaten des Punktes P vom neuen, gedrehten Koordinatensystem aus gesehen bekannt, und die Rechnung ist eigentlich beendet. Es ist aber vorteilhafter, das Ergebnis in räumlichen Polarkoordinaten (r, θ', φ') vorliegen zu haben. Der Abstand r wird nicht transformiert, weil er sich bei einer Drehung des Koordinatensystems nicht ändert. Jetzt benutzen wir die Gl. (2.1) bis Gl. (2.3) und benennen in ihnen die räumlichen Polarkoordinaten in gestrichene Größen um:

$$
\cos(\varphi')\cos(\theta') = \cos(\varphi)\cos(\theta) \qquad (2.12)
$$

$$
\sin(\varphi')\cos(\theta') = \cos(\alpha)\sin(\varphi)\cos(\theta) - \sin(\alpha)\sin(\theta) \qquad (2.13)
$$

$$
\underbrace{\sin(\theta')}_{\textit{unbekannt}} = \underbrace{\sin(\alpha)\sin(\varphi)\cos(\theta) + \cos(\alpha)\sin(\theta)}_{\textit{alles bekannt}}. \qquad (2.14)
$$

---

[2]Da vielleicht nicht jeder hinreichend Übung mit Matrizenrechnung hat, sei folgende Bemerkung gestattet: Wenn ein Koordinatensystem um den Winkel $+W$ gedreht werden soll, ist in die entsprechende Rotationsmatrix der Winkel $-W$ einzusetzen.

Nun haben wir ein Gleichungssystem mit den Unbekannten θ' und φ', nach denen umzustellen ist. Ergänzend zu diesem Beispiel soll noch gesagt werden, dass auch Kombinationen von Drehungen in einem einzigen Schritt berechnet werden können. Beispielsweise würde die Kombination einer Drehung um die z-Achse um den Winkel $+\omega$ und anschließend noch um die x-Achse um den Winkel $+i$ wie folgt berechnet werden:

$$\begin{pmatrix} x' \\ y' \\ z' \end{pmatrix} = R_x(-i)\,R_z(-\omega) \begin{pmatrix} x \\ y \\ z \end{pmatrix}. \tag{2.15}$$

Weiterhin können Matrizen auch addiert werden. Das heißt bei unseren Anwendungen, dass Bezugssysteme auch längs einer Linie verschoben werden können. Im Anwendungsbeispiel wird unser Koordinatensystem nach den Drehungen noch um die Strecken ϱ_1, ϱ_2 und ϱ_3 in die x–, y– bzw. z–Richtung bewegt:

$$\begin{pmatrix} x' \\ y' \\ z' \end{pmatrix} - R_\lambda(-i)\,R_z(-\omega) \begin{pmatrix} x \\ y \\ z \end{pmatrix} + \begin{pmatrix} \varrho_1 \\ \varrho_2 \\ \varrho_3 \end{pmatrix}. \tag{2.16}$$

2.2 Die Bahnebene

Die Bahnebene ist die Ebene, die durch die Bahn eines Planeten beschrieben wird. Der Bezugspunkt der Polarkoordinaten (u, r) des Planeten ist der Mittelpunkt der Sonne. Die Bezugsebene ist die Bahnebene. Die Bahnebene schneidet im Allgemeinen die Ebene der Ekliptik. Die Schnittlinie der beiden Ebenen ist die Knotenlinie. Der Abstand des Planeten von der Sonne ist die Koordinate r. Die Koordinate des Winkels u ist der Winkel zwischen der Knotenlinie und dem Strahl von der Sonne zum Planeten. Dieses System ebener Polarkoordinaten ist unser „Ausgangssystem" auf dem etwas mühsamen Weg zum Horizontsystem mit dem Standpunkt des Beobachters auf der Erdoberfläche, unserem „Zielsystem". Abbildung 2.2 zeigt schematisch die Positionen der Sonne und eines Planeten und die Polarkoordinaten.

2.3 Koordinatentransformationen von der Bahnebene zur Ebene der Ekliptik

Hier soll nun als praktische Anwendung des gezeigten Rechenweges die Transformation der Koordinaten eines Planeten aus der Bahnebene in Koordinaten der Ebene der Ekliptik gezeigt werden. Abbildung 2.3 zeigt schematisch den Zusammenhang von Bahnebene und Ebene der Ekliptik. In den vorhergehenden Kapiteln wurde

Abb. 2.2 Die räumlichen Polarkoordinaten in der Bahnebene

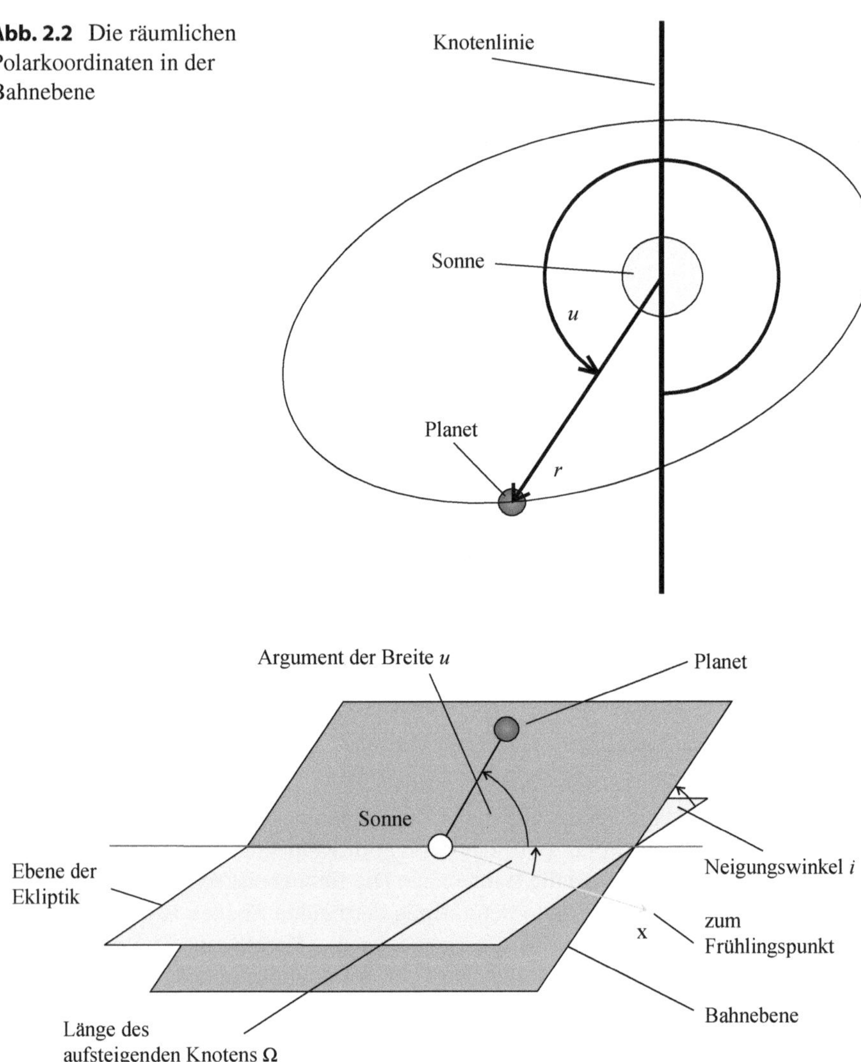

Abb. 2.3 Zusammenhang Bahnebene und Ebene der Ebene der Ekliptik

gezeigt, dass mit Kenntnis der wahren Anomalie, der Zeit und der durch jahrhundertelange Beobachtungen erhaltenen Kenngrößen der Planeten die Positionen von Planeten vollständig beschrieben sind. Bis jetzt wurden alle Kenngrößen, insbesondere der Abstand r und die wahre Anomalie v, auf die Bahnebene bezogen. Diese unterscheidet sich aber, außer bei der Erde, um einen kleinen Winkel, dem Neigungswinkel i, von der Ebene der Ekliptik. Das ändert natürlich nichts am Abstand des Planeten von der Sonne, weil beide Koordinatensysteme den selben Ursprung, eben den Mittelpunkt der Sonne, haben. Aber es wird notwendig sein, zusätzlich

Abb. 2.4 Die Polarkoordinaten im heliozentrisch ekliptikalen System

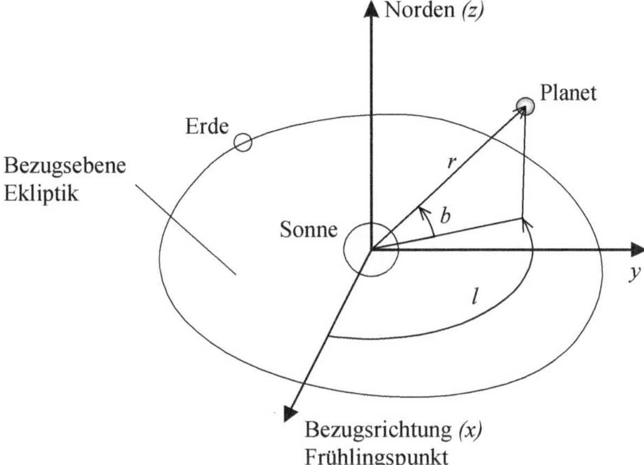

einen Winkel zwischen direkter Verbindungslinie Sonne - Planet und der Ebene der Ekliptik anzugeben. Dieser Winkel heißt Breite b im ekliptikalen Bezugssystem (Abb. 2.4). Er wird von −90°, Süden, bis +90°, Norden, gemessen.

Nun zur eigentlichen Rechnung. Gegeben sind der Abstand r und die wahre Anomalie v eines Planeten zu einem gegebenen Zeitpunkt. Das sind die räumlichen Polarkoordinaten in der Bahnebene, wenn als Bezugslinie für die Länge die Verbindungslinie zwischen Sonne und Perihel gewählt wird. Seine kartesischen Koordinaten berechnen sich wie folgt:

$$\begin{pmatrix} x \\ y \\ z \end{pmatrix} = \begin{pmatrix} r\,\cos(v) \\ r\,\sin(v) \\ 0 \end{pmatrix}.$$

Es müssen folgende Transformationen durchgeführt werden:

1. Drehung der Bahnebene um die z-Achse um den Winkel $-\omega$. Danach ist die Länge nicht mehr die wahre Anomalie v, die vom Perihel aus gemessen wurde, sondern das Argument der Breite u, welches von der Knotenlinie aus gemessen wird. Wir nennen nochmals die Gl. (1.72), die den Zusammenhang zwischen u und v beschreibt: $u = \omega + v$.

2. Drehung der Bahnebene um die x-Achse um den Winkel $-i$. Nun berechnen wir die Koordinaten bereits in der Ebene der Ekliptik, beziehen sie aber noch auf die Knotenlinie. Jetzt ergibt sich die Möglichkeit, die Rechnung zu vereinfachen bzw. abzukürzen. Die Methode, mit der die räumlichen Polarkoordinaten im jeweils neuen Bezugssystem berechnet werden, ist im Abschn. 2.1 beschrieben. Wenn wir in diejenigen Gleichungen, die Gl. (2.12) und Gl. (2.13) entsprechen, auf der „unbekannten" Seite bereits die Winkeldifferenz $l - \Omega$ anstatt lediglich l einsetzen, erhalten wir direkt die Länge l und die Breite b.

3. Wir verzichten auf die „Abkürzung" und führen eine Drehung der Bahnebene um die z-Achse um den Winkel $-\Omega$ durch. Nach der Drehung werden die Koordinaten nicht mehr auf die Knotenlinie bezogen, sondern auf die „richtige" x-Achse, dem Strahl von der Sonne zum Frühlingspunkt.[3]

Wir beginnen mit der ersten Transformation: Gemäß der Rotationsmatrix, Gl. (2.7), werden die kartesischen Koordinaten der um den Winkel $-\omega$ gedrehten Bahnebene berechnet. Verwendet wird für die Drehung um die z-Achse

$$\begin{pmatrix} x' \\ y' \\ z' \end{pmatrix} = \begin{pmatrix} \cos(\omega) & -\sin(\omega) & 0 \\ \sin(\omega) & \cos(\omega) & 0 \\ 0 & 0 & 1 \end{pmatrix} \times \begin{pmatrix} r\cos(v) \\ r\sin(v) \\ 0 \end{pmatrix}.$$

Diese neuen, durch Drehung entstandenen kartesischen Koordinaten, haben im neuen System folgende Polarkoordinaten:

$$\begin{pmatrix} x' \\ y' \\ z' \end{pmatrix} = \begin{pmatrix} r\cos(u) \\ r\sin(u) \\ 0 \end{pmatrix}.$$

Es folgt die zweite Transformation: Wir benötigen die Rotationsmatrix für die Drehung um die x-Achse (Gl. (2.5)) und setzen den Winkel zwischen Bahnebene und Ebene der Ekliptik ein:

$$\begin{pmatrix} x'' \\ y'' \\ z'' \end{pmatrix} = \begin{pmatrix} 1 & 0 & 0 \\ 0 & \cos(i) & -\sin(i) \\ 0 & \sin(i) & \cos(i) \end{pmatrix} \times \begin{pmatrix} r\cos(u) \\ r\sin(u) \\ 0 \end{pmatrix} = \begin{pmatrix} r\cos(u) \\ r\sin(u)\cos(i) \\ r\sin(i)\sin(u) \end{pmatrix}.$$

Wenn wir den kürzeren Rechenweg wählen, können wir gemäß der Denkweise der Gl. (2.12) bis Gl. (2.14) schreiben

$$\cos(b)\cos(l-\Omega) = \cos(u) \tag{2.17}$$

$$\cos(b)\sin(l-\Omega) = \sin(u)\cos(i) \tag{2.18}$$

$$\sin(b) = \sin(u)\sin(i). \tag{2.19}$$

In Abb. 1.12 kann man sich die Situation auf der Bahnebene noch einmal verdeutlichen. Zur Vereinfachung fassen wir die Terme mit bekannten Kenngrößen in Konstanten zusammen:

---

[3]Es ist üblich, den Frühlingspunkt dem Sternbild Widder (♈) zuzuordnen, wo er sich auch vor etwa 2000 Jahren befand. Gegenwärtig befindet sich der Frühlingspunkt eher im Sternbild Fische (♓).

$$A = \cos(u) \tag{2.20}$$

$$B = \sin(u)\cos(i)$$

$$C = \sin(u)\sin(i).$$

Wenn wir das Gleichungssystem Gl. (2.17) bis Gl. (2.19) nach b und nach l auflösen, erhalten wir die gesuchten räumlichen Polarkoordinaten im heliozentrisch ekliptikalen System.

Jetzt zur dritten Transformation: Wir benötigen wieder die Rotationsmatrix für die Drehung um die z-Achse, Gl. (2.7), und drehen das Koordinatensystem in der Ebene der Ekliptik um den Winkel $-\Omega$:

$$\begin{pmatrix} x''' \\ y''' \\ z''' \end{pmatrix} = \begin{pmatrix} \cos(\Omega) & -\sin(\Omega) & 0 \\ \sin(\Omega) & \cos(\Omega) & 0 \\ 0 & 0 & 1 \end{pmatrix} \times \begin{pmatrix} r\cos(u) \\ r\sin(u\cos(i)) \\ r\sin(u)\sin(i) \end{pmatrix}.$$

Noch einmal, das sind unsere bekannten Größen. Wir multiplizieren die Faktoren:

$$\begin{pmatrix} x''' \\ y''' \\ z''' \end{pmatrix} = \begin{pmatrix} r\cos(\Omega)\cos(u) - r\sin(\Omega)\cos(i)\sin(u) \\ r\sin(\Omega)\cos(u) - r\cos(\Omega)\cos(i)\sin(u) \\ r\sin(i)\sin(u) \end{pmatrix}. \tag{2.21}$$

Das Ergebnis sind die kartesischen Koordinaten des Planeten von der Sonne aus gesehen. Analog zu den Überlegungen, die zu den Gl. (2.12) bis (2.14) führten, schreiben wir:

$$\cos(\Omega)\cos(u) - \sin(\Omega)\cos(i)\sin(u) = \cos(b)\cos(l) \tag{2.22}$$

$$\sin(\Omega)\cos(u) - \cos(\Omega)\cos(i)\sin(u) = \cos(b)\sin(l) \tag{2.23}$$

$$\sin(i)\sin(u) = \sin(b). \tag{2.24}$$

Dieses Gleichungssystem ist nach b und nach l aufzulösen. Wiederum ist es besser, statt die Terme auf der linken Seite direkt zu nutzen, diese vorher auszurechnen und nur die so erhaltenen Zahlenwerte für die weitere Rechnung zu verwenden. Auch hier fassen wir zur Vereinfachung die Terme mit bekannten Kenngrößen in Konstanten zusammen:

$$A = \cos(\Omega)\cos(u) - \sin(\Omega)\cos(i)\sin(u) \tag{2.25}$$

$$B = \sin(\Omega)\cos(u) - \cos(\Omega)\cos(i)\sin(u)$$

$$C = \sin(i)\sin(u).$$

Zur Erhöhung der Übersichtlichkeit werden, mathematisch nicht völlig korrekt, die entsprechenden Größen nochmals A, B und C genannt. Nun kann das

Gleichungssystem Gl. (2.22) bis (2.24) nach b und nach l aufgelöst werden. Wir erhalten die gesuchten räumlichen Polarkoordinaten im heliozentrisch ekliptikalen System.

Bei der Auflösung der Gleichungssysteme Gl. (2.17) bis Gl. (2.19) und Gl. (2.22) bis Gl. (2.24) muss jedoch folgendes beachtet werden, was am Beispiel des letztgenannten Gleichungssystems erklärt wird: Es bietet sich an, zuerst die dritte Gleichung (Gl. (2.24)) nach b aufzulösen. Dabei ergeben sich zwei Lösungen. Werden im Anschluss die erste (Gl. (2.22)) oder die zweite Gleichung (Gl. (2.23)) nach l aufgelöst, so ergeben sich wiederum jeweils zwei Lösungen, also insgesamt vier Lösungen. Setzt man in diese vier Lösungen für l noch die beiden sich unterscheidenden Lösungen von b ein, so hat man schließlich zwei Lösungen für b und acht Lösungen für l. Auch wenn man bedenkt, dass es ausreichend ist, entweder die Gl. (2.22) oder die Gl. (2.23) nach l aufzulösen, so verbleiben immer noch zwei sich zu π ergänzende Lösungen für die Breite b und vier Lösungen für die Länge l. Letztere unterscheiden sich im Vorzeichen, um π oder ergänzen sich zu π.

Es folgt die ausführliche Berechnung am Beispiel der Venus unter Verwendung des kürzeren Rechenwegs nach der zweiten Koordinatentransformation. Dazu stellen wir die notwendigen Bahnparameter (siehe Tab. 1.3, Umrechnen in Bogenmaß) zusammen: $\Omega = 1,34034051$, $i = 0,0592492$, $u = 1,3698907$, $v = 0,4106876$ und $\omega = u - v = 0,9592031$. Aus Gl. (2.19) folgt sofort

$$b = \begin{pmatrix} \arcsin\left(\sin\left(u\right)\sin\left(i\right)\right) \\ \pi - \arcsin\left(\sin\left(u\right)\sin\left(i\right)\right) \end{pmatrix} \tag{2.26}$$

und speziell für die Venus

$$b = \begin{pmatrix} \arcsin\left(\sin\left(1,3699\right)\sin\left(0,0592\right)\right) \\ \pi - \arcsin\left(\sin\left(1,3699\right)\sin\left(0,0592\right)\right) \end{pmatrix}$$

$$= \begin{pmatrix} 0,0581 \\ 3,0835 \end{pmatrix} = \begin{pmatrix} 3,3\,° \\ 176,7\,° \end{pmatrix}.$$

Die Venus hat den selben Drehsinn um die Sonne wie die Erde, entgegen dem Uhrzeiger oder in mathematisch positiver Richtung. Deshalb muss der Neigungswinkel i einen Wert zwischen $0\,°$ und $90\,°$ haben. Die Breite b muss zwischen 0 und dem Neigungswinkel i liegen. Folglich ist der Wert $b = 3,3\,°$ die gesuchte Breite. Aus den Gl. (2.17), Gl. (2.20) und Gl. (2.26) kann jetzt die Länge berechnet werden:

$$l = \begin{pmatrix} \arccos\left(\frac{A}{\cos\left(b\right)}\right) + \Omega \\ -\arccos\left(\frac{A}{\cos\left(b\right)}\right) + \Omega \end{pmatrix} \tag{2.27}$$

$$l = \begin{pmatrix} 2,7099 \\ -0,0292 \end{pmatrix} = \begin{pmatrix} 155,3\,° \\ -1,7\,° \end{pmatrix}. \tag{2.28}$$

Die Länge ist ein positiver Winkel zwischen 0 und dem Vollwinkel. Deshalb ist die Lösung $l = 155,3\,°$ die gesuchte Länge. Weiterhin haben wir die Möglichkeit, mittels der Gl. (2.21) die zugehörigen kartesischen Koordinaten im heliozentrisch ekliptikalen System zu berechnen:

$$\begin{pmatrix} x''' \\ y''' \\ z''' \end{pmatrix} = \begin{pmatrix} -0,6518 \\ 0,3003 \\ 0,0417 \end{pmatrix} AE.$$

Wir sehen vor allem, dass $x''' < 0$ und $y''' > 0$ ist, die Länge also ein Winkel im zweiten Quadranten sein muss. Der Abstand der Venus, $r = 0,7188391\,AE$, wurde nicht transformiert, weil der Koordinatenursprung der beiden Systeme (Bahnebene, ekliptikal) jeweils der Mittelpunkt der Sonne ist und somit die Strecke vom Koordinatenursprung zum Planeten nicht vom Bezugssystem abhängt.

Abschließend folgen die Berechnung von Breite b und Länge l nach der vollständigen Koordinatentransformation, also nach der Drehung um $-\Omega$. Zur Berechnung der Breite vergleichen wir die Gl. (2.19) und Gl. (2.24). Sie sind identisch. Das bedeutet, sie haben dieselben Lösungen. Die Diskussion zum Finden der richtigen Lösung wurde bereits weiter oben beschrieben. Jetzt setzen wir das nunmehr bekannte b in Gl. (2.22) und lösen nach l auf. Wir erhalten

$$l = \begin{pmatrix} \arccos\left(\frac{A}{\cos(b)}\right) \\ -\arccos\left(\frac{A}{\cos(b)}\right) \end{pmatrix} \tag{2.29}$$

$$l = \begin{pmatrix} 2,7099 \\ -0,0292 \end{pmatrix} = \begin{pmatrix} 155,3\,° \\ -1,7\,° \end{pmatrix}, \tag{2.30}$$

nur dass hier der Term $A = \cos(\Omega)\cos(u) - \sin(\Omega)\cos(i)\sin(u)$, siehe Gl. (2.25), verwendet werden muss. Die Diskussion zum Finden der richtigen Lösung ist ebenfalls entsprechend.

Wie soll es auch anders sein, mit beiden Rechenwegen erhalten wir die gleichen Ergebnisse. Tabelle 2.1 fasst sie für die Venus und zusätzlich für die Erde und die Sonne zusammen. Abbildung 2.5 zeigt schematisch, also nicht maßstabsgerecht, die Positionen in der Ebene der Ekliptik. Die Winkel der Länge l und die Proportionen der Entfernungen r zur Sonne sind im Rahmen der Zeichengenauigkeit entsprechend eingezeichnet.

Tab. 2.1 Zusammenstellung der Polarkoordinaten ausgesuchter Planeten im heliozentrisch ekliptikalen System

Kenngröße	Erde	Venus	Jupiter
$l/\,^\circ$	53,3	155,3	69,5
$b/\,^\circ$	0	3,3	0,7
$r/\,^\circ$	1,0	0,7	5,0

Abb. 2.5 Schematische Darstellung der Planetenpositionen in der Ebene der Ekliptik

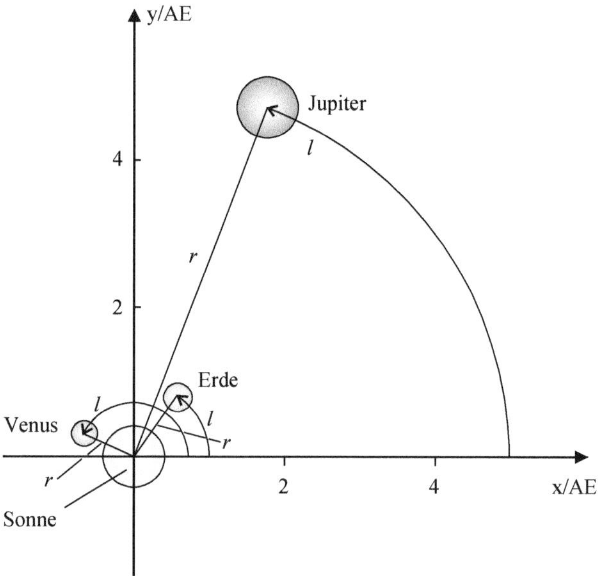

2.4　Der Übergang von heliozentrischen zu geozentrischen ekliptikalen Koordinaten

Bisher haben wir die Planeten von der Sonne aus betrachtet. Da wir auf der Erde leben und letztendlich das Ziel unserer Rechnungen darin besteht, dass wir erfahren, wohin wir unser Fernrohr richten müssen, wenn wir einen bestimmten Planeten beobachten wollen, müssen wir unseren Bezugspunkt, also den Koordinatenursprung des jeweiligen Bezugssystems, in einem ersten Schritt in den Erdmittelpunkt legen. Damit scheidet aber die Erde als zu berechnender Planet aus. Stattdessen können wir die Sonne sehen. Da die gesamte Rechnung jeweils für einen Zeitpunkt gemacht wird, ist es nicht wichtig, welche Bahn die Sonne von der Erde aus gesehen beschreibt. Entscheidend ist, dass wir ihre Koordinaten zu genau diesem Zeitpunkt berechnen können.

2.4.1   Die Transformation

Wir vergegenwärtigen uns noch einmal, welche Koordinaten uns bereits bekannt sind und welche wir berechnen wollen. Die Abb. 2.6 zeigt eine schematische Darstellung in der x-y-Ebene, also der Ebene der Ekliptik. Auf die Darstellung in z-Richtung wird zugunsten der Übersichtlichkeit verzichtet. Wir kennen die heliozentrischen ekliptikalen Koordinaten der Länge der Erde L und der Länge des betrachteten Planeten l sowie die entsprechenden Koordinaten der Breite B und b. Des Weiteren sind uns die Abstände R, die Strecke Erde - Sonne, und r, die Strecke Planet - Sonne, bekannt. Gesucht sind die Koordinaten λ, β und Δ. Das sind die Länge, die Breite und der Abstand des Planeten von der Erde in geozentrisch ekliptikalen Koordinaten. Eine einfache Überlegung ergibt sofort:

$$\begin{pmatrix} x_p \\ y_p \\ z_p \end{pmatrix} = \begin{pmatrix} x_e \\ y_e \\ z_e \end{pmatrix} + \begin{pmatrix} x'_p \\ y'_p \\ z'_p \end{pmatrix}$$

bzw. in Polarkoordinaten

$$r \cos(b) \cos(l) = R \cos(B) \cos(L) + \Delta \cos(\beta) \cos(\lambda)$$

$$r \cos(b) \sin(l) = R \cos(B) \sin(L) + \Delta \cos(\beta) \sin(\lambda)$$

$$r \sin(b) = R \sin(B) + \Delta \sin(\beta).$$

Zur Vereinfachung werden Substitutionen eingeführt, deren konkrete Werte unter Verwendung der Werte aus Tab. 2.1 in Tab. 2.2 angegeben sind:

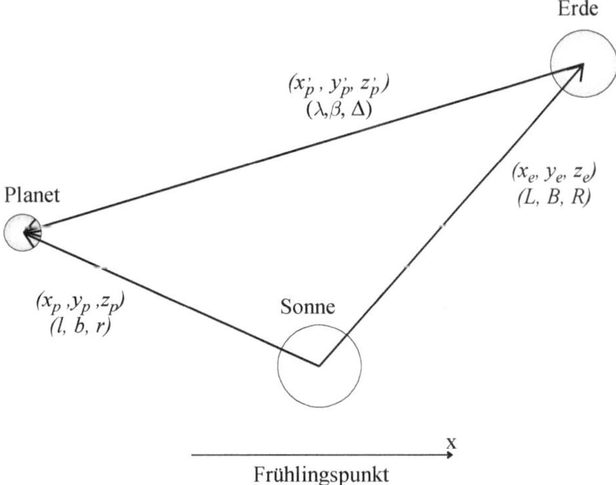

Abb. 2.6 Zur Berechnung der geozentrischen Koordinaten

Tab. 2.2 Werte für die Substitution für Venus und Jupiter

	Venus	Jupiter
M	$-0,651788$	$1,764474$
N	$0,593840$	$0,593840$
S	$0,300270$	$4,730320$
T	$0,790963$	$0,790963$
X	$0,04170957$	$0,059129$
Y	0	0

$$M = r \cos (b) \cos (l) \tag{2.31}$$

$$N = R \cos (B) \cos (L) \tag{2.32}$$

$$S = r \cos (b) \sin (l) \tag{2.33}$$

$$T = R \cos (B) \sin (L) \tag{2.34}$$

$$X = r \sin (b) \tag{2.35}$$

$$Y = R \sin (B). \tag{2.36}$$

Damit erhalten wir das folgende, deutlich übersichtlichere Gleichungssystem:

$$M = N + \Delta \cos (\beta) \cos (\lambda)$$

$$S = T + \Delta \cos (\beta) \sin (\lambda)$$

$$X = Y + \Delta \sin (\beta).$$

Dieses wird nach den gesuchten geozentrischen Polarkoordinaten γ, β und Δ des jeweils betrachteten Planeten aufgelöst:

$$\lambda = -\arctan \frac{S-T}{N-M}, \tag{2.37}$$

$$\beta = -\arctan \left(\frac{\cos (\lambda)(X-Y)}{N-M} \right) \quad \text{und} \tag{2.38}$$

$$\Delta = \frac{X-Y}{\sin (\beta)}. \tag{2.39}$$

Tabelle 2.2 enthält die Werte für die Substitutionen, die für die nachfolgenden Berechnungen noch benötigt werden. Daraus ergeben sich unmittelbar für die Länge der Venus:

$$\lambda = 0,375265 \, rad = 21,5\,° \tag{2.40}$$

Abb. 2.7 Umwandlung von geozentrisch ekliptikal zu geozentrisch äquatorial (1...4 Quadranten des geozentrischen Koordinatensystems)

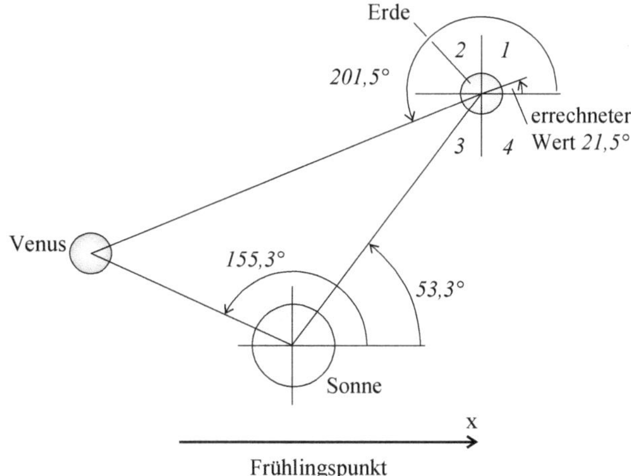

und die des Jupiters

$$\lambda = 1,2819\,rad = 73,4\,°. \tag{2.41}$$

Betrachten wir jetzt in Abb. 2.7 die Verhältnisse bei der Venus. Da sie sich im geozentrisch ekliptikalen System betrachtet im 3. Quadranten befindet, wird der Winkel geändert. Zum ursprünglich errechneten Wert sind $180\,°$ zu addieren. Wir erhalten

$$\lambda = 201,5\,°.$$

Der Jupiter befindet sich von der Erde aus gesehen im 1. Quadranten. Deshalb wird der Winkel der Länge nicht geändert. In Tab. 2.3 sind die Koordinaten im geozentrisch ekliptikalen System zusammengefasst. Unter Verwendung der Gl. (2.38) werden jetzt die Breiten β für Venus und Jupiter errechnet:

$$\beta = 0,0311\,rad = 1,78\,° \quad \text{(Venus)} \tag{2.42}$$

$$\beta = 0,0197\,rad = 1,13\,° \quad \text{(Jupiter)}. \tag{2.43}$$

Wir nehmen die Ergebnisse zunächst zur Kenntnis und untersuchen im folgenden Schritt, ob sich der jeweilige Planet ober- oder unterhalb der Ebene der Ekliptik befindet, d. h. ob das betreffende β positiv oder negativ ist.[4] Wir berechnen (siehe Abb. 2.6)

---

[4]Dies kann bei genauerer Rechnung auch für die Erde zutreffen, weil sich Mond und Erde um einen gemeinsamen Schwerpunkt drehen, der sich auf der Ebene der Ekliptik befindet. Das bedeutet aber nicht, dass das auch für den Mittelpunkt der Erde zutreffen muss. Außerdem beziehen wir uns auf das Äquinoktium des Jahres 2000. Durch die im Abschn. 2.9 genannten, aber in der Rechnung nicht berücksichtigten Einflüsse auf die Erdbahn kann es ebenfalls zu Abweichungen kommen.

Tab. 2.3 Zusammenfassung Polarkoordinaten im geozentrisch ekliptikalen System

Kenngröße	Venus	Jupiter
$\lambda/^o$	$201,50$	$73,45$
$\beta/^o$	$1,78$	$0,82$
Δ/AE	$1,34$	$4,11$

$$z_p = \Delta \, \sin(\beta) = \Delta \, \sin(0,0311) > 0$$

für die Venus und

$$z_p = \Delta \, \sin(0,0197) > 0$$

für den Jupiter.

Wir kennen zwar die jeweiligen Abstände nicht, die hier beide (unexakterweise) Δ heißen, wissen aber, dass sie positiv sein müssen. Somit sind beide z-Werte positiv. Versetzen wir uns in die Ebene der Ekliptik, in der sich die Sonne und die Erde befinden, so müssen wir nach „oben" schauen, um die Planeten zu sehen, weil in beiden Fällen die Breite β eben positiv ist. Jetzt können mit Gl. (2.39) die Abstände Δ berechnet werden:

$$\Delta = \frac{X - Y}{\sin(\beta)} = 1,339444 \, AE$$

für die Venus und

$$\Delta = \frac{X - Y}{\sin(\beta)} = 4,627177 \, AE \tag{2.44}$$

für den Jupiter.

2.4.2 Die Position der Sonne

Da wir beginnend mit diesem Abschnitt die Planeten von Koordinatensystemen aus betrachten, die ihren Ursprung im Erdmittelpunkt und später auch auf der Erde haben, können wir, wie einleitend zu diesem Kapitel beschrieben, die Sonne rein rechnerisch wie einen Planeten behandeln.

Die Berechnung der Länge der Sonne im geozentrisch ekliptikalen System wird in Abb. 2.8. schematisch dargestellt. Es ist leicht zu erkennen, dass zum bekannten Wert der Länge L im heliozentrischen System $180°$ zu addieren sind:

$$\lambda = L + 180°. \tag{2.45}$$

Abb. 2.8 Umrechnung der Länge L der Erde in die Länge λ im geozentrisch ekliptikalen System

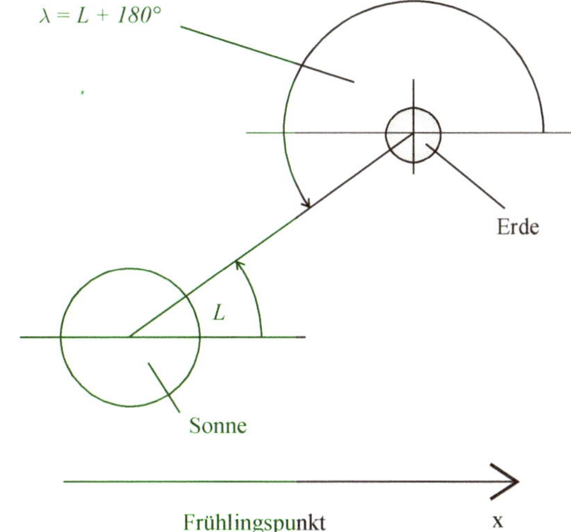

Tab. 2.4 Die Polarkoordinaten der Sonne im geozentrisch ekliptikalen System

Kenngröße	Sonne
$\lambda/^o$	233,281
$\beta/^o$	0
Δ/AE	0,989075

Die Breite ist selbstverständlich Null, weil sich die Sonne wie auch die Erde in der Ebene der Ekliptik befinden. Am Abstand zwischen Sonne und Erde ändert sich auch nichts. Wir können den Wert von Tab. 1.3 übernehmen. In Tab. 2.4 sind die Koordinaten im geozentrisch ekliptikalen System zusammengefasst.

2.4.3 Die Position des Mondes

In diesem Abschnitt soll die Position des Mondes von der Erde aus gesehen beschrieben werden. Da unser Mond eben auch der Mond des Planeten Erde und von der Erdoberfläche aus gesehen ein doch sehr großes kosmisches Objekt ist, sollte die Beschreibung der Mondposition berechtigt sein. Dieses Kapitel erscheint dafür das geeignetste zu sein, weil die Länge, die Breite und der Abstand zur Erde in geozentrisch ekliptikalen Koordinaten angegeben werden. Kennen wir diese, so kann nach Abarbeiten der ab Abschn. 2.5 genannten Koordinatentransformationen die Position des Mondes, von der Erdoberfläche aus gesehen, berechnet werden.

Einleitend werden die Gravitationskräfte der Erde, F_{erde}, und der Sonne, F_{sonne}, die auf die Mondbahn wirken, genannt und anschließend miteinander verglichen:

$$F_{erde} = \gamma \, \frac{m_{erde} \times m_{mond}}{d_{em}^2} \quad \text{und}$$

$$F_{sonne} = \gamma \, \frac{m_{sonne} \times m_{mond}}{d_{es}^2}.$$

Das Verhältnis der Kräfte beträgt somit

$$\frac{F_{erde}}{F_{sonne}} = \frac{m_{erde}}{m_{sonne}} \times \frac{d_{es}^2}{d_{em}^2}.$$

Die benötigten Werte werden Tab. 2.7 entnommen und eingesetzt:

$$\frac{F_{erde}}{F_{sonne}} = \frac{5,9722 \times 10^{24}\, kg}{1,98892 \times 10^{30}\, kg} \times \frac{(149597870700\, m)^2}{(384400\, km)^2} = 0,455.$$

Die Einflüsse der Erde und der Sonne auf den Mond unterscheiden sich lediglich etwa um den Faktor zwei. Der Einfluss der Sonne ist nicht zu vernachlässigen. Das bedeutet, dass die Anordnung Erde-Mond nicht mehr als Zweikörpersystem behandelt werden kann.

Da die Mondbahn um die Erde sich deutlich von einer Kreisbahn unterscheidet, müssen die Länge, die Breite und der Abstand des Mondes in Abhängigkeit von der Zeit korrigiert werden. Nachstehend werden die modifizierten räumlichen Polarkoordinaten und der Abstand des Mondmittelpunktes vom Erdmittelpunkt (λ, β, Δ) im geozentrisch ekliptikalen System angegeben ([1], Seite 96 f.):

$$
\begin{aligned}
\lambda/^\circ =\,& L_0 + 22640'' \sin(l) + 769'' \sin(2\,l) + 36'' \sin(3\,l) \\
& - 4586'' \sin(l - 2D) + 2370'' \sin(2D) - 668'' \sin(l') \\
& - 412'' \sin(2F) - 212'' \sin(2\,l - 2D) - 206'' \sin(l + l' - 2D) \\
& + 192'' \sin(l + 2D) - 165'' \sin(l' - 2D) + 148'' \sin(l - l') \\
& - 125'' \sin(D) - 110'' \sin(l + l') - 55'' \sin(2F - 2D),
\end{aligned}
$$

$$
\begin{aligned}
\beta/^\circ =\,& 18520'' \sin(F + \lambda - L_0 + 0,114 \sin(2F) + 0,150 \sin(l')) \\
& - 526'' \sin(F - 2D) + 44'' \sin(l + F - 2D) - 31'' \sin(-l + F - 2D) \\
& - 25'' \sin(-2\,l + F) - 23'' \sin(l' + F - 2D) + 21'' \sin(-l + F) \\
& + 11'' \sin(-l' + F - 2D)
\end{aligned}
$$

und

$$\Delta\,/km = 385000 - 20905\,\cos{(l)} - 570\,\cos{(2\,l)}$$
$$- 3699\,\cos{(2\,D - l)} - 2956\,\cos{(2\,D)} + 246\,\cos{(2\,l - 2\,D)}$$
$$- 205\,\cos{(l' - 2\,D)} - 171\,\cos{(l + 2\,D)} - 152\,\cos{(l + l' - 2\,D)}.$$

Dabei bedeuten L_0 die mittlere Länge des Mondes, l die mittlere Anomalie des Mondes, l' die mittlere Anomalie der Sonne, F der mittlere Abstand des Mondes vom aufsteigenden Knoten und D der mittlere Abstand des Mondes von der Sonne mit:

$$L_0/^\circ = 218,31665 + 481267,88134\,T - 0,001327\,T^2$$
$$l/^\circ = 134,96341 + 477198,86763\,T + 0,008997\,T^2$$
$$l'/^\circ = 357,52911 + 35999,05029\,T + 0,000154\,T^2$$
$$F/^\circ = 93,27210 + 483202,01753\,T - 0,003403\,T^2$$
$$D/^\circ = 297,85020 + 445267,11152\,T - 0,001630\,T^2.$$

2.5   Transformation von geozentrisch ekliptikalen zu geozentrisch äquatorialen Koordinaten

Bis jetzt haben wir die Planeten vom Erdmittelpunkt aus betrachtet. Dabei war die Bezugsebene die Ebene der Ekliptik. Die Bezugsrichtung war die x-Achse, also die Richtung eines Strahls von der Erde zum Frühlingspunkt. Die neue Bezugsebene soll die Äquatorebene sein. Vergrößert man diese über die Abmessungen der Erde hinaus, nennt man diese Ebene Himmelsäquatorebene.

Wenn wir die Transformation von geozentrisch ekliptikalen Koordinaten zu geozentrisch äquatorialen Koordinaten durchführen wollen, muss in einem ersten Schritt die Schrägstellung der Erdachse ([2], Seite 18) berechnet werden. Sie ist eine Funktion der Zeit:

$$\epsilon = (23,439291^\circ - 0,013004^\circ/Jhd \times T). \tag{2.46}$$

Für die Zeit wird der schon mehrmals genannte Wert $T = 0,128727\,Jhd$ verwendet, die Anzahl der Jahrhunderte nach dem Beginn des Jahres 2000 bis zu unserem Beobachtungszeitpunkt. Wir erhalten:

$$\epsilon = 23,439291^\circ - 0,013004^\circ/Jhd \times 0,128727\,Jhd = 23,44^\circ.$$

Die Aufstellung der Transformationsgleichungen ist unkompliziert. Wir müssen das bisherige Bezugssystem lediglich um den Winkel ϵ in die mathematisch negative Richtung (Uhrzeigersinn) drehen, also den (positiven) Wert des Winkels in die Transformationsmatrix der x-Achse einsetzen (Abb. 2.9):

$$
\begin{pmatrix} x' \\ y' \\ z' \end{pmatrix} = \begin{pmatrix} 1 & 0 & 0 \\ 0 & \cos(\epsilon) & -\sin(\epsilon) \\ 0 & \sin(\epsilon) & \cos(\epsilon) \end{pmatrix} \times \begin{pmatrix} x \\ y \\ z \end{pmatrix}.
$$

Die gestrichenen kartesischen Koordinaten sind die gesuchten Koordinaten im äquatorialen System. Im nächsten Schritt werden die kartesischen Koordinaten des ekliptikalen Systems durch die bereits bekannten Polarkoordinaten ersetzt.

$$
\begin{pmatrix} x' \\ y' \\ z' \end{pmatrix} = \begin{pmatrix} 1 & 0 & 0 \\ 0 & \cos(\epsilon) & -\sin(\epsilon) \\ 0 & \sin(\epsilon) & \cos(\epsilon) \end{pmatrix} \times \begin{pmatrix} \Delta\,\cos(\lambda)\,\cos(\beta) \\ \Delta\,\sin(\lambda)\,\cos(\beta) \\ \Delta\,\sin(\beta) \end{pmatrix}
$$

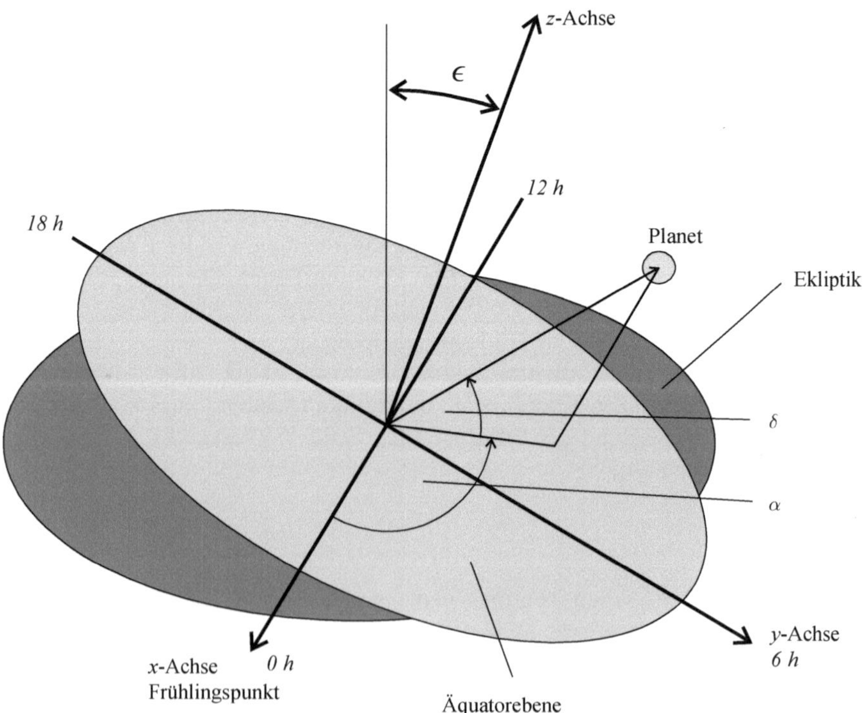

Abb. 2.9 Transformation geozentrisch ekliptikaler in geozentrisch äquatoriale Koordinaten

Wir multiplizieren die Rotationsmatrix und die Matrix der ungestrichenen Koordinaten, also die des geozentrisch ekliptikalen Systems, aus:

$$\begin{pmatrix} x' \\ y' \\ z' \end{pmatrix} = \begin{pmatrix} \Delta \, \cos(\lambda)\, \cos(\beta) \\ \Delta \, \cos(\beta)\, \cos(\epsilon)\, \sin(\lambda) - \Delta \, \sin(\beta)\, \sin(\epsilon) \\ \Delta \, \cos(\epsilon)\, \sin(\beta) + \Delta \, \cos(\beta)\, \sin(\lambda)\, \sin(\epsilon) \end{pmatrix}.$$

Wir erhalten die kartesischen Koordinaten im geozentrisch äquatorialen System. Gesucht sind aber die räumlichen Polarkoordinaten. Wir wiederholen den Gedankengang, der zum Gleichungssystem Gl. (2.12) bis (2.14) führt, und erhalten die Transformationsgleichungen:

$$\cos(\alpha)\, \cos(\delta) = \cos(\lambda)\, \cos(\beta) \tag{2.47}$$

$$\sin(\alpha)\, \cos(\delta) = \cos(\beta)\, \cos(\epsilon)\, \sin(\lambda) - \sin(\beta)\, \sin(\epsilon)$$

$$\sin(\delta) = \cos(\epsilon)\, \sin(\beta) + \cos(\beta)\, \sin(\lambda)\, \sin(\epsilon). \tag{2.48}$$

Hierbei wurde die Entfernung Δ zwischen Sonne und den Planeten „weggekürzt". Sie ändert sich durch die Transformation nicht. Jetzt sind unter Berücksichtigung von Gl. (2.40) und Gl. (2.41)(λ) sowie Gl. (2.42) und Gl. (2.43) (β) alle notwendigen Parameter für die Transformation von geozentrisch ekliptikalen zu geozentrisch äquatorialen Koordinaten bekannt. Die gesuchten Größen sind α und δ, die Länge und die Breite in geozentrisch äquatorialen Koordinaten, die Rektaszension bzw. Deklination heißen. Zu deren Lösung führen wir folgende Hilfsgrößen ein:

$$A = \cos(\beta) \times \cos(\lambda) \tag{2.49}$$

$$C = \sin(\epsilon) \times \cos(\beta) \times \sin(\lambda) + \cos(\epsilon) \times \sin(\beta). \tag{2.50}$$

Zwei Substitutionen sind ausreichend, wir haben zwar drei Gleichungen, aber nur zwei Unbekannte. Nach einfacher Rechnung ergeben sich:

$$A = -0{,}929959$$

$$C = -0{,}1171420$$

für die Venus und

$$A = -0{,}778873$$

$$C = 0{,}2674645$$

für den Jupiter.

Aus den Gl. (2.48) und (2.50) erhalten wir unmittelbar

$$\delta = \arcsin(C) = -0,1174 = -6,73\,°. \tag{2.51}$$

Weiterhin folgt aus den Gl. (2.47) und (2.49)

$$\alpha = \arccos\left(\frac{A}{\cos(\delta)}\right) = 2,7830 = 159,46\,°. \tag{2.52}$$

Das ist eine erste Lösung. Eine weitere mögliche Lösung ist

$$\alpha = -\arccos\left(\frac{A}{\cos(\delta)}\right) = -2,7830 = -159,46\,°.$$

Das richtige Ergebnis muss jedoch positiv sein. D. h. zum errechneten Wert sind 360° zu addieren. Somit erhalten wir als zweite Lösung

$$\alpha = 200,54\,°.$$

Nun haben wir zwei unterschiedliche Lösungen und müssen uns im nächsten Schritt für eine entscheiden. Wir schauen auf Abb. 2.10, die der Abb. 2.7 sehr ähnlich ist. Lediglich die Erdachse ist etwas um die x-Achse gedreht. Wiederum befindet sich die Venus im dritten Quadranten und somit ist die Lösung $\alpha = 200,54\,°$ die richtige.

Rektaszensionswerte werden üblicherweise in Stunden angegeben ($1\,h = 15\,°$), weil diese Werte gleich der Zeit sind, die seit dem letzten Mediandurchgang des Planeten vergangen ist:

$$\alpha = 13{:}22{:}10,4\,h.$$

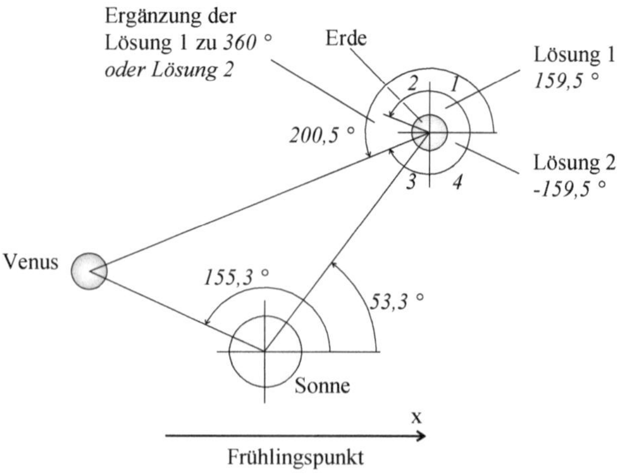

Abb. 2.10 Entscheidung bei der Zweifachlösung der Rektaszensionsformel (1...4 Quadranten des äquatorialen Koordinatensystems)

2.6 Die Transformation von geozentrisch äquatorialen zu topozentrischen Koordinaten

Letztendlich wollen wir auf der Erde stehen und mit den errechneten Polarkoordinaten einen bestimmten Planeten finden. Genau deshalb wird die Transformation von geozentrisch äquatorialen Koordinaten zu den gesuchten Koordinaten im Horizontsystem im Abschn. 2.7 beschrieben. Wir müssen jedoch bedenken, dass wir uns nicht im Erdmittelpunkt, sondern auf der Erdoberfläche befinden. Folglich ist immer ein kleiner Fehler einzurechnen, der vom Abstand des Beobachtungsobjekts zur Erde abhängt. Wenn wir genauer rechnen wollen, müssen wir die Polarkoordinaten des topozentrischen Systems verwenden.

Außerdem befindet sich erstmals der Koordinatenursprung, die Position unseres Beobachters, auf der sich drehenden Erde, und es gehen der Beobachtungszeitpunkt in Form der Sternzeit und der Beobachtungsort in die Rechnung ein.

Die Bezugsebene für die topographischen Koordinaten liegt parallel zur Äquatorialebene. Der Standort des Beobachters befindet sich auf der Bezugsebene. Das bedeutet, dass sich bei nicht allzu nahen kosmischen Objekten die Polarkoordinaten und die Entfernungen des geozentrischen Äquatorialsystems und des topozentrischen Systems praktisch nicht unterscheiden. Die beiden Bezugspunkte haben lediglich den Abstand des Erdradius voneinander. Dieser ist klein im Vergleich zu den üblicherweise in der Astronomie betrachteten Weglängen.

Bekannt sind die Rektaszension α, die Deklination δ und der Abstand zum Planeten Δ in geozentrisch äquatorialen Koordinaten. Gesucht werden die entsprechenden topozentrischen Koordinaten α', δ' und Δ'. Abb. 2.11 zeigt schematisch die Situation.

Für die eigentliche Rechnung müssen noch die geozentrische Breite und der Abstand zum Erdmittelpunkt am Beobachtungsort ermittelt werden, was im nächsten Abschnitt beschrieben wird.

2.6.1 Die geozentrische Breite und der Abstand zum Erdmittelpunkt

Es muss berücksichtigt werden, dass die Erde nicht kugelförmig ist, sondern sich besser als ein Rotationsellipsoid beschreiben lässt (Abb. 2.12). Die geographische

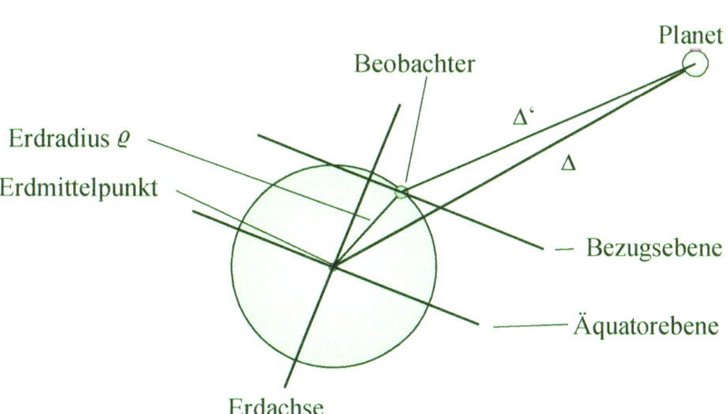

Abb. 2.11 Umwandlung von geozentrisch äquatorialen zu topozentrischen Koordinaten

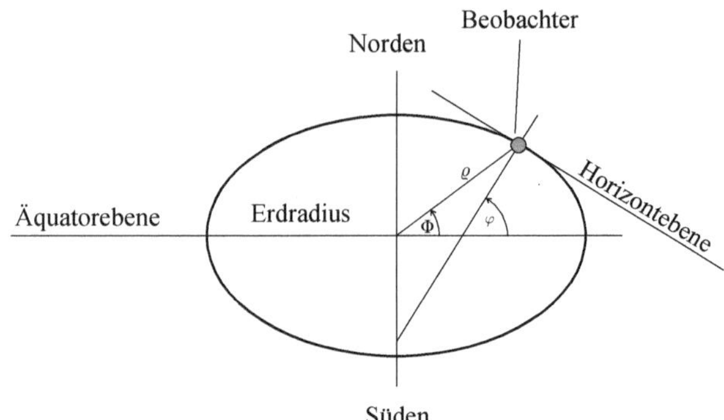

Abb. 2.12 Zur Berechnung der geozentrischen Breite

Breite ist der Winkel, mit dem der Horizont des Beobachters gegen die Erd-achse geneigt ist. Die geozentrische Breite ist der Winkel zwischen der Linie, die den Erdmittelpunkt mit dem Beobachter verbindet, und der Äquatorebene. Es gilt annähernd ([2], Seite 180):

$$\Phi = \varphi - 0,1924^\circ \times \sin(2\varphi). \qquad (2.53)$$

Der Abstand ϱ des Beobachters vom Erdmittelpunkt berechnet sich wie folgt:

$$\varrho \approx 6378,14\,km - 21,38\,km \times \sin^2(\varphi). \qquad (2.54)$$

Die geographische Breite des Beobachtungsortes sei

$$\varphi = 52,62^\circ = 0,9183\,rad. \qquad (2.55)$$

Damit können mit den Gl. (2.53) und Gl. (2.54) die geozentrische Breite Φ und der Abstand zum Erdmittelpunkt ϱ errechnet werden:

$$\Phi = 52,43^\circ = 0,9151\,rad$$

$$\varrho = 6364,6\,km.$$

2.6.2 Die Sternzeit

Unser Anliegen besteht darin, für den Zeitpunkt der Beobachtung am gegebenen Beobachtungsort die Sternzeit zu berechnen. Für eine einfache und anschauliche Erklärung der Sternzeit wollen wir zwei Experimente durchführen:

1. Die Erde befinde sich in der Position 1. Eine auf der Erdoberfläche befindliche Person peilt mittels einer Vorrichtung einen in großer Entfernung befindlichen Stern an (Pfeil in Abb. 2.13, Graph(a)). Nachdem sich die Erde um 360° gedreht

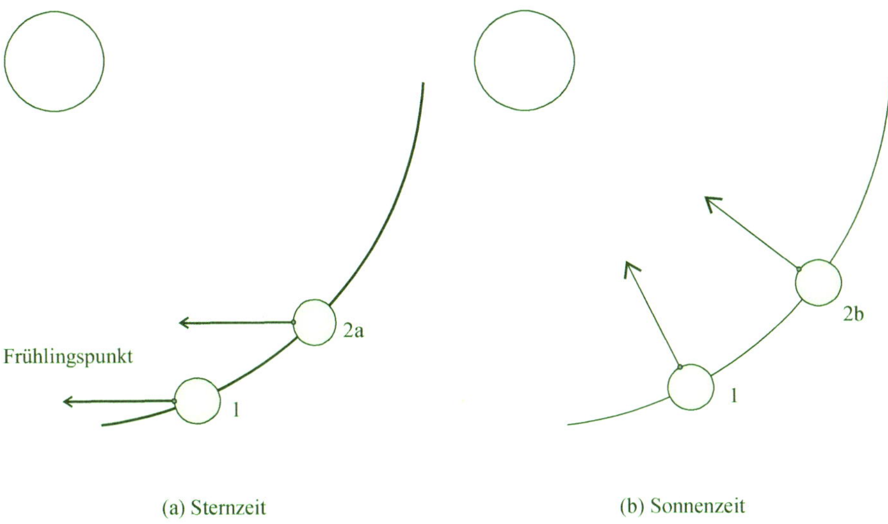

Abb. 2.13   Unterschied von Sternzeit und Sonnenzeit

hat, kann die Person den Stern ein zweites Mal anpeilen. Die Erde befindet sich jetzt in der Position 2a. Während sich die Erde einmal um die eigene Achse drehte, ist ein Sterntag vergangen[5].

2. Dieses Mal peilt die Person den Sonnenmittelpunkt an (siehe Abb. 2.13, Graph(b)). Die Erde befinde sich dabei in Position 1. Nachdem sich die Erde um $360°$ drehte, d. h. nach einem Sterntag, hat sie einen gewissen Weg auf ihrer Umlaufbahn um die Sonne zurückgelegt. Sie befindet sich jetzt in Position 2b. Die Person stellt mit Hilfe der Vorrichtung fest, dass jedoch noch nicht der Sonnenmittelpunkt angepeilt wird. Die Erde muss sich ein wenig mehr als um $360°$ drehen, damit dies der Fall ist. Diese Zeit für eine Volldrehung, vermehrt um die Zeit, bis der Sonnenmittelpunkt wieder angepeilt wird, ist ein Sonnentag. Der Sonnentag ist also ein wenig länger als ein Sterntag. Die Differenz beträgt knapp vier Minuten.

Die Definition und die Eigenschaften der Sternzeit sind vielfach beschrieben worden. Wer es genauer wissen will, kann beispielsweise an folgenden Stellen nachschlagen: [3], [2] Seite 39, [1] Seite 46, [4] oder [5] Seite 7.

Zur Berechnung der Sternzeit am Beobachtungsort zur Beobachtungszeit sind folgende Rechenschritte abzuarbeiten.

---

[5]Etwas genauer formuliert - ein Sterntag ist die Zeitdauer, die der Frühlingspunkt für eine (scheinbare) Umrundung der Erde benötigt.

- Berechnung der Sternzeit θ_0 für Null Uhr Greenwicher Zeit am Beobachtungstag.
- Berechnung der Sternzeit θ_{zeit} für die Beobachtungszeit nach Greenwicher Zeit am Beobachtungstag.
- Berechnung der Sternzeit θ_{ort} unter Berücksichtigung des Beobachtungsortes.

2.6.2.1 Sternzeit für Null Uhr Greenwicher Zeit am Beobachtungstag

Für den genannten Zeitpunkt ist die mittlere Sternzeit in Greenwich zu ermitteln ([2], [4]). Der Zusammenhang zwischen der Sternzeit θ und der Zeit T, die seit dem Äquinoktium im Jahr 2000 verging, ist endgültig definiert. Diese Definition kann in Grad oder in Stunden angegeben werden:

$$\theta/^o = 100,46061837 + 36000,770053608 \times T$$

$$+ \, 0,000387933 \times T^2 - \frac{T^3}{38710000}$$

oder

$$\theta/h = \left(6 + \frac{41}{60} + \frac{50,54841}{3600}\right) + \left(\frac{8640184,812866}{3600} \times T\right)$$

$$+ \left(\frac{0,093104}{3600} \times T^2\right) - \left(\frac{0,0000062}{3600} \times T^3\right). \tag{2.56}$$

Mit Hilfe der Gl. (1.18) erhalten wir das Julianische Datum und anschließend daraus mit Gl. (1.19) die Zeit in Jahrhunderten, $T_0 = 0,1287201 \, Jhd$. Wir berechnen θ_0 zu

$$\theta_0 = \theta(0,1287201) = 4734,4817\,°.$$

Ergänzend formen wir diesen Winkel in die entsprechende Zeitangabe um

$$\theta_0 = \frac{4734,4817\,°}{15\,°\,h^{-1}} = 315,6321\,h.$$

Nutzen wir die Gl. (2.56), erhalten wir die Sternzeit in Stunden:

$$\theta_0 = 315,6321\,h. \tag{2.57}$$

Erwartungsgemäß stimmen beide Werte überein. Wir kennen jetzt die Sternzeit um Null Uhr Greenwicher Zeit.

2.6.2.2   Sternzeit für die Beobachtungszeit am Beobachtungstag

Zur Ermittlung der Sternzeit für die Beobachtungszeit muss zur Sternzeit um Null Uhr ($UT = 0$) noch die aktuelle Uhrzeit (in unserem Spezialfall $UT = 6\,h$) addiert werden. Dabei wird letztere mit einem Korrekturfaktor multipliziert:

$$\theta_{zeit} = \theta_0 + UT \times 1,00273790935. \tag{2.58}$$

Verwenden wir $UT = 6\,h$ und Gl. (2.57), sind das

$$\theta_{zeit} = 321,6485\,h \quad \text{oder} \quad \theta_{zeit} = \frac{321,6485\,h}{24\,h/d} = 13,4020\,d.$$

Es interessiert aber nur der Bruchteil eines Tages, d. h. aus θ_{zeit} wird

$$(\theta_{zeit} - \text{floor}(\theta_{zeit})) \times 24\,h/d = 9,6485\,h. \tag{2.59}$$

Umgerechnet in Grad erhalten wir

$$\theta_{zeit} = 9,6485\,h \times 15\,^\circ\,h^{-1} = 144,73\,^\circ. \tag{2.60}$$

Das ist die Sternzeit von Greenwich in Stunden am Beobachtungstag, dem 15.11.2012, um 6 Uhr UT morgens, und der entsprechende Winkel.

2.6.2.3   Sternzeit unter Berücksichtigung des Beobachtungsortes

Für Beobachter, die sich nicht auf dem nullten Längenkreis von Greenwich befinden, muss die geographische Länge λ des Beobachtungsortes berücksichtigt werden. In unserem Beispiel beträgt sie $13\,^\circ{:}12,5'$ östlicher Länge:

$$\lambda = 13\,^\circ + \left(\frac{12,5}{60}\right)^\circ = 13,21\,^\circ \tag{2.61}$$

und in Stunden umgerechnet

$$\lambda = \left(13 + \frac{12,5}{60}\right)^\circ \times \frac{1}{15\,^\circ\,h^{-1}} = 0,8806\,h. \tag{2.62}$$

Die mittlere Sternzeit am Beobachtungsort berechnet sich zu

$$\theta_{ort} = \theta_{zeit} + \lambda. \tag{2.63}$$

In unserem Beispiel bedeutet das unter Verwendung von Gl. (2.59) und Gl. (2.62)

$$\theta_{ort} = 9,6485\,h + 0,8806\,h = 10,5291\,h$$

oder, wer das Rechnen in Winkelmaßen bevorzugt nutzt Gl. (2.60) und Gl. (2.61) und erhält:

$$\theta_{ort} = 144,73\,° + 13,21\,° = 157,94\,° = 2,7565\ rad. \tag{2.64}$$

2.6.2.4 Transformation von geozentrisch äquatorialen Koordinaten zu topozentrischen Koordinaten

Wir vergegenwärtigen uns noch einmal die im Abschn. 2.6 genannten, uns bekannten und gesuchten Größen. Die Beziehungen zwischen ihnen ergeben sich aus der Addition der räumlichen Polarkoordinaten. Etwas locker formuliert gilt $\varrho + \Delta' = \Delta$, (siehe Abb. 2.11). Somit erhalten wir:

$$\Delta \cos(\delta)\cos(\alpha) = \Delta'\cos(\delta')\cos(\alpha') + \varrho\cos(\Phi)\cos(\theta) \tag{2.65}$$

$$\Delta \cos(\delta)\sin(\alpha) = \Delta'\cos(\delta')\sin(\alpha') + \varrho\cos(\Phi)\cos(\theta) \tag{2.66}$$

$$\Delta \sin(\delta) = \Delta'\sin(\delta') + \varrho\sin(\Phi) \tag{2.67}$$

Es werden folgende Vereinfachungen benutzt:

$$A = \Delta \cos(\delta)\cos(\alpha) - \varrho\cos(\Phi)\cos(\theta) \tag{2.68}$$

$$B = \Delta \cos(\delta)\sin(\alpha) - \varrho\cos(\Phi)\cos(\theta) \tag{2.69}$$

$$C = \Delta \sin(\delta) - \varrho\sin(\Phi) \tag{2.70}$$

Die Substitutionen betragen für den Planeten Venus:

$$A = -186121562107,70184,$$
$$B = -69989206525,900528 \quad \text{und}$$
$$C = -23534519377,039692$$

für den Planeten Jupiter:

$$A = 175493012339,03525,$$
$$B = 536920533260,43207 \quad \text{und}$$
$$C = 242412278146,897.$$

und für die Sonne:

$$A = -88468566728,218872,$$
$$B = -108821515184,77333 \quad \text{und}$$
$$C = -47169807656,991295.$$

Unter Verwendung der Substitutionen Gl. (2.68), Gl. (2.69) und Gl. (2.70) wird das Gleichungssystem Gl. (2.65), Gl. (2.66) und Gl. (2.67) nach δ', α' und Δ' aufgelöst.[6]

$$\delta' = \arctan 2\left(\frac{((A^2 + B^2 + C^2) \times (A^2 + B^2))^{\frac{1}{2}}}{A^2 + B^2 + C^2}, \frac{C}{(A^2 + B^2 + C^2)}\right), \tag{2.71}$$

$$\alpha' = \arccos\left(\frac{A \times \tan(\delta')}{C}\right) \quad \text{und} \tag{2.72}$$

$$\Delta' = \frac{C}{\sin(\delta')}. \tag{2.73}$$

Wir erhalten für die Venus

$$\alpha' = 2,7830\,rad = 159,46\,^\circ$$
$$\delta' = -0,1174\,rad, = -6,73\,^\circ \quad \text{und}$$
$$\Delta' = 200233859559\,m = 1,338462\,AE.$$

Analog zur Berechnung der Rektaszension im Abschn. 2.5 und der Darstellung in Abb. 2.10 muss der Winkel α' zu $360\,^\circ$ ergänzt werden:

$$\alpha' = 360\,^\circ - 159,456036\,^\circ = 200,543964\,^\circ = 3,501284\,rad. \tag{2.74}$$

Für den Jupiter ergibt sich:

$$\alpha' = 71,94\,^\circ = 1,2557\,rad. \tag{2.75}$$
$$\delta' = 0,4055\,rad, = 23,23\,^\circ \quad \text{und}$$
$$\Delta' = 614691118314\,m = 4,1090\,AE.$$

Für die Sonne wird errechnet:

$$\alpha' = 129,11\,^\circ = 2,2534\,rad.$$
$$\delta' = -18,59\,^\circ = -0,3245\,rad \quad \text{und}$$
$$\Delta' = 147965537273\,m = 0,989089\,AE.$$

---

[6]Beim Auflösen nach δ' ergibt sich eine Vierfachlösung. Die Lösungen unterscheiden sich im Vorzeichen oder durch eine additive Verschiebung um π.

Mit derselben Begründung wie bei der Berechnung der Rektaszension der Venus (siehe nochmals Abb. 2.10) muss der errechnete Wert der Rektaszension der Sonne ebenfalls zu $360\,°$ ergänzt werden:

$$\alpha' = 360\,° - 129,11\,° = 230,89\,° = 4,0298\,rad. \tag{2.76}$$

Weiter oben wurde begründet, dass diese Werte annähernd gleich denen der Rechnung für geozentrisch äquatoriale Koordinaten sein sollten. Die Ergebnisse werden mit denen der Venus verglichen, um eine Vorstellung von der geringen Abweichung, selbst bei unserem Nachbarplaneten, zu vermitteln:

$$\frac{|\Delta - \Delta'|}{1000} = 2794,6\,km$$

$$|\delta' - \delta| = 0,001548\,° \quad \text{und}$$

$$|\alpha' - \alpha| = 0,000534\,°.$$

Tabelle 2.5 stellt im ersten Teil die Koordinaten des geozentrisch äquatorialen Systems und die (nur geringfügig abweichenden) Werte des topozentrischen Systems zusammen.

2.7 Die Transformation von geozentrisch äquatorialen Koordinaten zum Horizontsystem

Die Bezugsrichtung ist die Richtung nach Süden. Die Berechnung erfolgt in zwei Teilschritten. Bevor sie aber durchgeführt werden kann, müssen wir den Stundenwinkel beschreiben, der zwingend für die Berechnung der Polarkoordinaten im Horizontsystem notwendig ist. Anschließend können der Azimut und die Höhe, also die Polarkoordinaten des beobachteten Planeten, berechnet werden. Der

Tab. 2.5 Polarkoordinaten im heliozentrisch äquatorialen System und im topozentrischen System

Kenngröße	Sonne	Venus	Jupiter
	geozentrisch äquatoriales System		
$\alpha\,/^o$	$230,890$	$200,543$	$71,944$
$\delta\,/^o$	$-18,592$	$-6,727$	$23,231$
$\Delta\,/AE$	$0,98908$	$1,33944$	$4,11004$
	topozentrisches System		
$\alpha'\,/^o$	$230,890$	$200,544$	$71,944$
$\delta'\,/^o$	$-18,590$	$-6,726$	$23,231$
$\Delta'\,/AE$	$0,98909$	$1,33848$	$4,10896$

Azimutwinkel wird von Süden ausgehend nach Westen, dann nach Norden, weiter nach Osten und schließlich wieder bis Süden gemessen, so dass z. B. der Norden den Azimut $A = 180°$ hat. Die Höhe ist der Winkel zwischen Horizont und dem Planeten. Leider kann es u. U. zu Missverständnissen kommen, weil beispielsweise bei der Navigation von Schiffen die Bezugsrichtung nach Norden weist.

2.7.1   Stundenwinkel

Der Stundenwinkel ist der Winkel t, der in Abb. 2.14 dargestellt wird. Er wird gemessen zwischen dem Bogen, der vom Himmelsnordpol (annähernd Position des Polarsterns) in Richtung Süden geht und dem Bogen, der durch den betrachteten Planeten verläuft. Praktischerweise wird er zumeist in Stunden angegeben, denn er ist die Zeit seit dem Durchgang durch den Meridian (Blickrichtung Süden). Die Rektaszension eines Planeten oder auch eines anderen astronomischen Objekts ist die Sternzeit, zu der es seinen lokalen Meridian passiert. Der Stundenwinkel eines Objekts ist definiert als die Differenz zwischen der aktuellen lokalen Sternzeit und der Rektaszension des Objekts.

Stundenwinkel = aktuelle lokale Sternzeit − Rektaszension des Objekts

$$t = \theta_{ort} - \alpha \tag{2.77}$$

Wir erhalten unter Verwendung der Sternzeit (Gl. (2.64)) und der einzelnen Rektaszensionen (Gl. (2.74), Gl. (2.75) und Gl. (2.76)) die Stundenwinkel für die Sonne und unsere betrachteten Planeten:

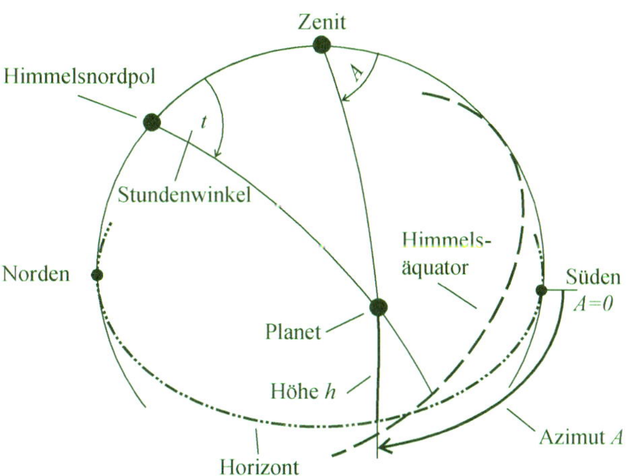

Abb. 2.14 Stundenwinkel t, Azimut A und Höhe h

$$t/rad = 2,756511 - 3,501284 = -0,744773 \quad \text{(Venus)} \qquad (2.78)$$

$$t/rad = 2,756511 - 1,255653 = 1,500858 \quad \text{(Jupiter)} \qquad (2.79)$$

$$t/rad = 2,756511 - 4,029791 = -1,273280 \quad \text{(Sonne)}. \qquad (2.80)$$

Somit zeigt der Stundenwinkel des Objekts, wie viel Sternzeit seit dem Überqueren des lokalen Meridians vergangen ist [6]. Er ist auch der winkelförmige Abstand zwischen dem Objekt und dem Meridian, gemessen in Stunden (1 Stunde = 15 Grad). Ein Objekt mit einem Stundenwinkel von z. B. $2,5\,h$ hat den lokalen Meridian $2,5\,h$ zuvor überquert und ist zur Zeit $37,5\,°$ westlich des Meridians. Negative Stundenwinkel zeigen die Zeitspanne an, bis das Objekt den Meridian das nächste Mal überquert. Natürlich bedeutet ein Stundenwinkel von Null, dass das Objekt sich gerade auf dem lokalen Meridian befindet.

2.7.2 Berechnung von Azimut und Höhe

Wir wollen nun aus den bekannten Koordinaten Rektaszension und Deklination des geozentrisch äquatorialen Systems den Azimut, also die Blickrichtung in der Horizontebene, und die Höhe, den Winkel zwischen Horizont und Planeten, ermitteln. Die Berechnung kann auf zwei unterschiedlichen Wegen durchgeführt werden. Zum einen können wir der bisherigen Logik folgen: Errechnen der neuen kartesischen Koordinaten durch Multiplikation der bisherigen Koordinaten mit einer Rotationsmatrix und anschließendes Berechnen der neuen Polarkoordinaten (was aufgrund der komplizierten Aufgabenstellung ein erhöhtes Maß an Abstraktionsvermögen erfordert). Andererseits führt die Berechnung bzw. Auswertung eines sphärischen Dreiecks zum gleichen Ergebnis.

2.7.2.1 Berechnung mit Rotationsmatrix

Um diese Art der Rechnung durchzuführen, brauchen wir die Polarkoordinaten im „alten" System und die entsprechende Rotationsmatrix, in welche der Drehwinkel einzusetzen ist. Um diese Parameter zu erhalten, betrachten wir Abb. 2.15. Der Winkel zwischen Bezugsebene und dem Planeten ist die Deklination δ. Das „alte" Bezugssystem, das geozentrisch äquatoriale System, muss um die y-Achse gedreht werden. Der Drehwinkel beträgt $\pi/2 - \varphi$. So können wir schreiben:

$$\begin{pmatrix} x' \\ y' \\ z' \end{pmatrix} = R_y(\varphi - \pi/2) \begin{pmatrix} \cos(\delta)\cos(t) \\ \cos(\delta)\sin(t) \\ \sin(\delta) \end{pmatrix}.$$

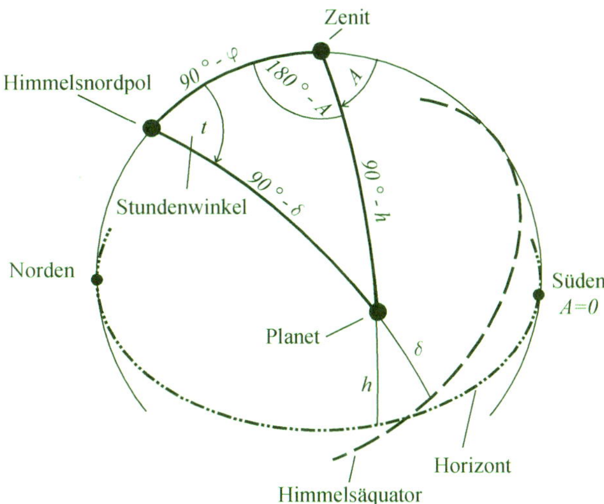

Abb. 2.15 zur Transformation geozentrisch äquatorial zu horizontal

Setzen wir die Rotationsmatrix Gl. (2.6) ein, so erhalten wir:

$$\begin{pmatrix} x' \\ y' \\ z' \end{pmatrix} = \begin{pmatrix} \cos\left(-\frac{\pi}{2}+\varphi\right) & 0 & -\sin\left(-\frac{\pi}{2}+\varphi\right) \\ 0 & 1 & 0 \\ -\sin\left(-\frac{\pi}{2}+\varphi\right) & 0 & \cos\left(-\frac{\pi}{2}+\varphi\right) \end{pmatrix} \times \begin{pmatrix} \cos(\delta)\cos(t) \\ \cos(\delta)\sin(t) \\ \sin(\delta) \end{pmatrix}.$$

Wir multiplizieren aus und setzen die nunmehr errechneten neuen kartesischen Koordinaten auf der rechten Seite der Gleichung gleich den neuen Polarkoordinaten:

$$\begin{pmatrix} \cos(h)\cos(A) \\ \cos(h)\sin(A) \\ \sin(h) \end{pmatrix} = \begin{pmatrix} \cos\left(\varphi-\frac{\pi}{2}\right)\cos(t)\cos(\delta) - \sin\left(\varphi-\frac{\pi}{2}\right)\sin(\delta) \\ \cos(\delta)\sin(t) \\ \cos\left(\varphi-\frac{\pi}{2}\right)\sin(\delta) + \sin\left(\varphi-\frac{\pi}{2}\right)\cos(t)\sin(\delta) \end{pmatrix}.$$

Als letzter Schritt vor der Erstellung des Transformationsgleichungssystems wird ein Teil der Terme umgeformt. Das Gleichungssystem zur Bestimmung der Höhe h und des Azimuts A lautet:

$$\cos(h)\cos(A) = \sin(\varphi)\cos(\delta)\cos(t)\sin(\delta)$$

$$\cos(h)\sin(A) = \cos(\delta)\sin(t)$$

$$\sin(h) = \sin(\varphi)\sin(\delta) + \cos(\varphi)\cos(\delta)\cos(t).$$

Wir erhalten für die Höhe h eine Doppellösung

$$h = \begin{pmatrix} \arcsin\left(\sin(\varphi)\sin(\delta) + \cos(\varphi)\cos(\delta)\cos(t)\right) \\ \pi - \arcsin\left(\sin(\varphi)\sin(\delta) + \cos(\varphi)\cos(\delta)\cos(t)\right) \end{pmatrix}. \tag{2.81}$$

Der Azimut A ergibt sich zu:

$$A = \begin{pmatrix} \arcsin\left(\cos(\delta)\,\sin(t)/\cos(h)\right) \\ \pi - \arcsin\left(\cos(\delta)\,\sin(t)/\cos(h)\right) \end{pmatrix}. \tag{2.82}$$

Eine Interpretation dieser Formel wird im Abschn. 3.1.3 erfolgen.

2.7.2.2 Auswertung eines sphärischen Dreiecks

Wir stellen nochmals die bereits bekannten Größen zusammen. Bekannt sind die Rektaszension α, die Deklination δ und die Beobachtungszeit bzw. der Beobachtungsort, die in den Stundenwinkel t eingegangen sind. Gesucht sind die Höhe h über dem Horizont und der Azimutwinkel A. Die Abb. 2.15 zeigt eine schematische Darstellung des astronomischen Dreiecks, auch nautisches Dreieck genannt. Es ist ein sphärisches Dreieck mit den Eckpunkten Himmelsnordpol (also nahezu der Polarstern), Zenit (der Blick senkrecht nach oben) und dem eigentlichen Planeten, dessen horizontale Koordinaten gesucht sind. In unserem Dreieck ist die gesuchte Größe der Bogen $(90° - h)$. Sie ist leicht mit dem Kosinussatz aus der sphärischen Geometrie, Gl. (A.4), zu berechnen:

$$\cos(90° - h) = \cos(90° - \delta)\,\cos(90° - \varphi)$$
$$+ \sin(90° - \delta)\,\sin(90° - \varphi)\,\cos(t)$$

Diese Zeile wird vereinfacht zu

$$\sin(h) = \sin(\delta)\,\sin(\varphi) + \cos(\delta)\,\cos(\varphi)\,\cos(t).$$

Lösen wir diese Gleichung nach h auf, so erhalten wir nochmals die Lösung Gl. (2.81). Nun ist noch der Azimut zu berechnen. Wir benutzen den Sinussatz, Gl. (A.3), und schreiben:

$$\frac{\sin(180° - A)}{\sin(90° - \delta)} = \frac{\sin(t)}{\sin(90° - h)}.$$

Das wird vereinfacht zu

$$\frac{\sin(A)}{\cos(\delta)} = \frac{\sin(t)}{\cos(h)}$$

und anschließend nach A aufgelöst:

$$A = \arcsin\left(\frac{\sin(t)\,\cos(\delta)}{\cos(h)}\right).$$

Wir erhalten wiederum die erste Lösung von Gl. (2.82).
Wenn wir die Doppellösung für die Höhe in die Doppellösung für den Azimut einsetzen, werden wir letztendlich zwei Lösungen für die Höhe und vier für den Azimut

haben. Es gilt also Entscheidungen für die richtigen Lösungen zu finden. Wir wählen
bei dem Term für die Höhe (Gl. (2.81)) die erste (obere) Lösung aus, weil die Höhe
immer Werte zwischen –90 ° und –90 ° haben sollte. Das ist bei der zweiten Lösung
nicht der Fall. Bei der Berechnung des Azimuts haben wir nach der Koordinatentransformation eine Doppellösung (Gl. (2.82)). Die Auswertung des astronomischen
bzw. nautischen Dreiecks erbrachte nur eine Lösung, die mit der ersten, oberen Lösung der Transformationsmethode übereinstimmt. Wir entscheiden uns deshalb für
diese.

Auch wenn wir uns an dieser Stelle wiederholen, die Berechnungen der Höhe
und des Azimuts sind in gewissem Sinne das „Endergebnis" all unserer bisherigen
Überlegungen und von großer Bedeutung: Bei Kenntnis der geozentrisch äquatorialen Koordinaten, der Sternzeit und des Beobachtungsortes ist es möglich, die
Höhe und den Azimut von Planeten und auch anderen kosmischen Objekten zu
bestimmen. Deshalb werden die Gleichungen hier nochmals aufgeführt:

$$h = \arcsin\left(\,\sin\left(\varphi\right)\sin\left(\delta\right) + \cos\left(\varphi\right)\cos\left(\delta\right)\cos\left(t\right)\right) \tag{2.83}$$

$$A = \arcsin\left(\frac{\sin\left(t\right)\cos\left(\delta\right)}{\cos\left(h\right)}\right). \tag{2.84}$$

2.7.2.3   Die Position von Venus, Jupiter und der Sonne

Bevor wir mit den Gleichungen Gl. (2.83) und (2.84) die Höhe über dem Horizont
und den Azimut, vom Süden aus betrachtet, berechnen können, müssen wir noch
die geographische Breite φ des Beobachtungsortes, den Stundenwinkel t und die
Deklinationswerte δ unserer betrachteten Objekte bereitstellen: Die geographische
Breite wird Gl. (2.55) entnommen. Die Stundenwinkel wurden mit den Gl. (2.78) bis
(2.80) auf Seite 64 berechnet. Bei den zu verwendenden Deklinationen δ müssen wir
uns entscheiden, ob wir die Werte aus der Transformationsrechnung geozentrisch
ekliptikal in geozentrisch äquatorial oder aus der Rechnung geozentrisch äquatorial
in geozentrisch topologisch verwenden. Bei weit entfernten kosmischen Objekten
ist der Unterschied vernachlässigbar. Bei nahen Objekten ist die Rechnung mit den
Deklinationswerten der letztgenannten Transformation genauer.[7] Deshalb entscheiden wir uns für die Deklinationswerte aus der Transformation von geozentrisch
äquatorial in geozentrisch topologischen Koordinaten (siehe Tab. 2.5). Weil die zu
verwendenden Werte sich an den Textstellen befinden, wo sie ursprünglich berechnet wurden, werden sie nochmals in Tab. 2.6 zusammengestellt. Wir erhalten für die
Venus:

$$h = 0,357\,rad = 20,5\,° \quad \text{und} \quad A = -0,802\,rad = -45,9\,°.$$

Der Azimut wird vom Süden aus in Richtung Westen, dann in Richtung Norden und
anschließend in Richtung Osten bzw. Süden gemessen. Er ist auf diese Weise immer

---

[7]Ob das überhaupt auf unsere Rechnung zutrifft, bei der wir eine Anzahl von Einflüssen auf die
Position der Planeten nicht berücksichtigten, soll jetzt nicht betrachtet werden.

Tab. 2.6 Geographische Breite, Stundenwinkel und Deklination zur Bestimmung des Höhenwinkels und des Azimutwinkels

Kenngröße	Sonne	Venus	Jupiter
$\varphi\,/rad$		0,918	
t/rad	$-1,273$	$-0,744$	$1,501$
$\delta'\,/rad$	$-0,324$	$-0,117$	$0,405$

positiv und hat Werte von 0...360°. Ist der errechnete Wert wie in unserem Beispiel negativ, so sind zu diesem 360° zu addieren:

$$A = 360° + (-45,94437473°) = 314,1°.$$

Abgesehen von der Addition von 360° bei der Azimutberechnung erhalten wir analog für den Jupiter

$$h = 0,360\,rad = 20,6° \quad \text{und} \quad A = 1,368\,rad = 78,3°.$$

Zur Berechnung des Sonnenstandes muss bei der Azimutberechnung wieder die Differenzbildung praktiziert werden. Wir erhalten:

$$h = -0,085\,rad = -4,9° \quad \text{und} \quad A = -1,142\,rad = -65,427°.$$

Nach der Addition von 360° bekommen wir den korrigierten Azimutwinkel:

$$A = 360° + (-65,427°) = 294,6°.$$

Wen wundert es, die Sonne geht also auch im November annähernd im Osten auf und befindet sich zum Beobachtungszeitpunkt 6 Uhr UT = 7 Uhr MEZ knapp unter dem Horizont.

2.8 Das Horizontsystem

Wir haben unser „Zielsystem" erreicht. Abbildung 2.16 zeigt eine schematische Darstellung der Polarkoordinaten des Horizontsystems. Wir stehen auf der Erdoberfläche und sehen den Planeten, der mit dem Winkel h, der Höhe, über dem Horizont steht. Der Azimut zeigt uns an, um welchen Winkel der Planet von der Richtung nach Süden abweicht.

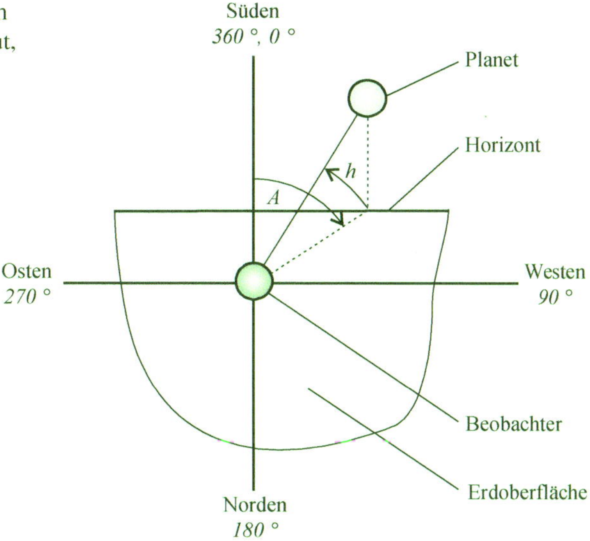

Abb. 2.16 Das Horizontsystem mit einem Planeten (*A*... Azimut, *h*... Höhe)

2.9 Vereinfachungen

Gemäß unserem Vorhaben, einen leicht verständlichen Rechenweg darzustellen, wurden bei den angeführten Berechnungen eine Reihe von Größen, die einen Einfluss auf die Position der Planeten haben, nicht berücksichtigt. Diese Einflüsse sollen in diesem Abschnitt zumindest genannt und ihre Wirkung abgeschätzt werden.

Vergegenwärtigen wir uns nochmals die Situation. Unser Ziel bestand vorrangig darin, die Koordinaten eines Planeten, also seine Höhe über dem Horizont und den zugehörigen Azimutwinkel, der auf einem geeigneten Kompass abgelesen werden kann, im Horizontsystem zu ermitteln. Nach diesen Winkeln richten wir unser Teleskop aus und versuchen den Planeten zu beobachten.

Praktizierten wir das, so müssten wir jedoch feststellen, dass die errechneten Werte mehr oder weniger von den realen Werten, der tatsächlichen Position, abweichen. Das hat verschiedene Ursachen:

- Die Laufzeit des Lichtes vom Beobachtungsobjekt zum Beobachter wurde nicht berücksichtigt. Diese Zeitspanne heißt Lichtlaufzeit. Vom Zeitpunkt des Aussendens eines Lichtstrahls bis zum Zeitpunkt seiner Beobachtung hat sich zum einen die Erde, und damit der Beobachter, auf ihrer Bahn um die Sonne weiterbewegt. Zum anderen dreht sich die Erde. Von einem geozentrischen Bezugssystem aus gesehen, hat also zusätzlich auch noch der Beobachter seine Position auf der Erde verändert. Wir schauen immer in die Vergangenheit. Abbildung 2.17 zeigt eine schematische Darstellung. An der von uns beobachteten Stelle befand

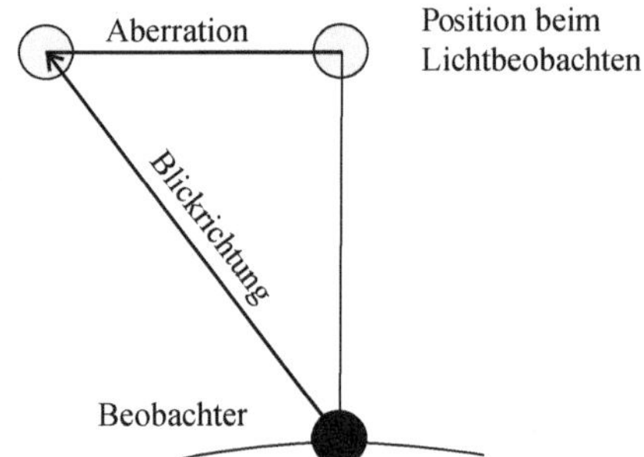

Abb. 2.17 Unterschiedliche Positionen der Lichtquelle zwischen dem Ort der Lichtaussendung und dem realen Ort während der Lichtbeobachtung

sich das Beobachtungsobjekt zum Zeitpunkt des Aussendens des von uns registrierten Lichtes. Der Beobachter sieht das Licht aus der Richtung kommend, wo sich das Objekt zum Zeitpunkt des Aussendens befand. Jedoch bewegen sich das Beobachtungsobjekt und der Beobachter relativ zueinander.

Wir wollen das an einem Beispiel veranschaulichen. Im Abschn. 3.1 wird der Verlauf des Sonnenstandes beschrieben. Es wird gezeigt, dass wir bei der Beobachtung der Sonne immer um etwa $8\,min$ in die Vergangenheit sehen. Innerhalb dieser Zeitspanne dreht sich die Erde etwa um $2\,°$. Dabei bewegt sie sich mit einer Bahngeschwindigkeit von $30,113\,km/s$, und legt damit während der Lichtlaufzeit einen Weg von $14861,844\,km$ zurück, der einem Winkel, bezogen auf einen Umlauf um die Sonne, von $20,5\,''$ entspricht. Eng verknüpft mit der Lichtlaufzeit ist die Aberration. Darunter versteht man die Verschiebung des Ortes eines Beobachtungsobjekts, an dem es zu einem bestimmten Zeitpunkt gesehen wird, gegenüber dem Ort, an dem es sich tatsächlich befindet. Die Ursache für diesen Effekt ist die endlich große Lichtlaufzeit. Die Aberration des Lichtes muss genau genommen mit Hilfe der speziellen Relativitätstheorie behandelt werden [7].

- Die Brechung des Lichtes in der Erdatmosphäre wurde nicht berücksichtigt. Die Massendichte der Luft ist nicht konstant und nimmt mit zunehmender Entfernung von der Erdoberfläche ab. Die Brechzahl des Lichtes hängt jedoch von der Dichte ab und reduziert sich von einem Wert etwas größer als 1 auf der Erdoberfläche auf exakt 1 im praktisch luftleeren Raum im Weltall. Das ist gleichbedeutend damit, dass sich das Licht nicht geradlinig, sondern auf einer zur Erdoberfläche hin gekrümmten Bahn bewegt. Der Sachverhalt wird in Abb. 2.18 schematisch dargestellt. Sie zeigt, dass unser Beobachtungsobjekt immer auf einer geringfügig höheren Position erscheint, als es sich in der Realität befindet. Diesen Sachverhalt bezeichnet man als Refraktion ([5], Seite 506; [1], Seite 17). Um uns die Größe des Effektes zu verdeutlichen, nehmen wir in Anlehnung an das Beispiel zur Berechnung des Sonnenstandes, siehe Tab. 3.1, eine Höhe des Sonnenstandes von $19\,°$ an. Nach einer [8] entnommenen Formel wird die Sonne etwa um $0,01\,°$ zu hoch beobachtet.
- Außer der Gravitationskraft der Sonne wurden keine zusätzlich auf die einzelnen Planeten wirkenden Kräfte berücksichtigt. In diesem Kapitel wurde die Bewegung der Planeten als Zweikörperproblem, oder auch Kepler-Problem, behandelt. Wenn wir uns mit unseren Rechnungen nicht allzu weit vom

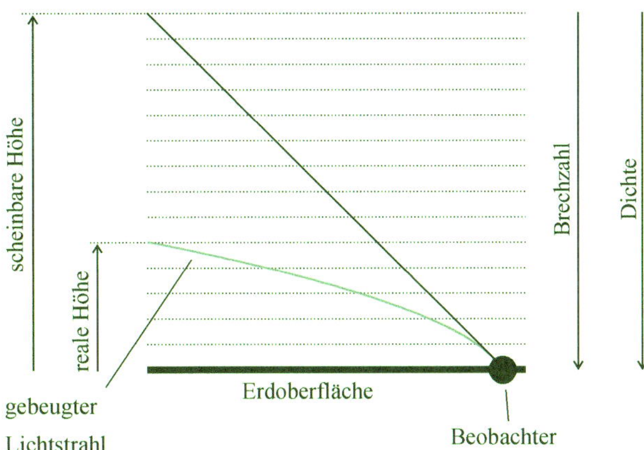

Abb. 2.18 Die Wirkung der Lichtbrechung in der Atmosphäre

derzeitigen Äquinoktium entfernen und hinreichend große Massen, eben Planeten, betrachten, kommen wir durchaus zu vernünftigen Ergebnissen. Bei mehrere Jahre in die Zukunft reichenden Rechnungen jedoch oder bei massearmen Beobachtungsobjekten kommt es zu unbefriedigenden Resultaten ([2], Seite 83). Welche Effekte kommen in Betracht?

– Die Massenanziehung anderer Planeten durch die Gravitationskräfte. Die Bahn des gerade betrachteten Planeten wird durch die Massenanziehung von anderen Planeten gestört.

In Abb. 2.19 sei der Planet 1 derjenige, dessen Position zu bestimmen ist. Vernachlässigen wir die kleine, aber eben doch vorhandene Kraft, die vom Planeten 2, zusätzlich zur Kraft in Richtung der Sonne, auf den Planeten 1 wirkt, so kann dessen Position durch die beschriebene Lösung des Zweikörperproblems ermittelt werden. Wollen wir jedoch den Einfluss des Planeten 2, der hier symbolisch für alle anderen Massen des Sonnensystems steht, berücksichtigen, muss der Sachverhalt mittels der Störungsrechnung beschrieben werden. Diese ist an sich recht kompliziert und umfangreich, und es ist nicht Anliegen dieses Buches, sie zu vermitteln.

Aber ein Beispiel soll den Einfluss dieser Kräfte deutlich machen. Wir errechnen analog der Berechnungen, welche die Position des Planeten Venus in den vergangenen Abschnitten beschreiben, die Rektaszension α_{kepler} und Deklination δ_{kepler} für die geographische Länge von $15\,°$ östlicher Länge und $52,615\,°$ nördlicher Breite: $\alpha_{kepler} = 13{:}22{:}35,87\,h = 200,649458\,°$ und $\delta_{kepler} = -6{:}46{:}1,6\,h = -6,767\,°$. Die Beobachtungszeit ist $6,00\,UT = 7,00\,MEZ$. Diese Werte werden mit den Ergebnissen des professionellen Programms PLANPOS von Montenbruck und Pfleger, beschrieben in [2], Seite 125, verglichen: $\alpha_{mp} = 13{:}22{:}06,20\,h = 200,525833\,°$ und $\delta_{mp} = -6{:}43{:}02,7\,h = -6,717417\,°$. Die Abweichung der Rektaszensionen voneinander beträgt etwa $0,1\,°$ und die Deklinationswerte differieren um etwa $0,05\,°$.

– Die Präzession. Um diese Erscheinung zu erklären, betrachten wir die Erde als Kreisel. Seine Rotationsachse ist um etwa $23,5\,°$ gegen die Ebene der

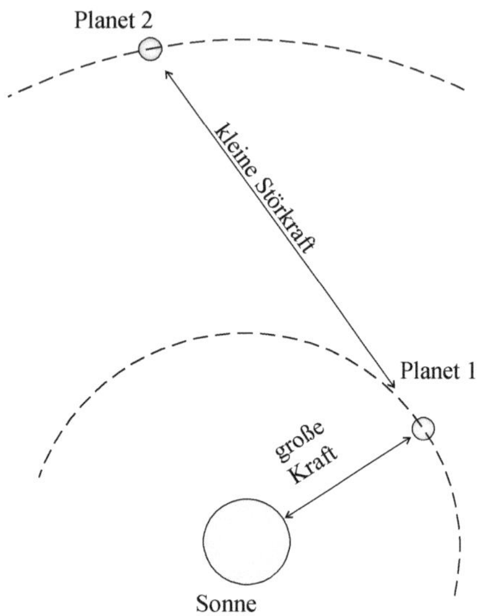

Abb. 2.19 Der Einfluss „störender" Planeten

Ekliptik geneigt. Weiterhin hat die Erde keine Kugelform, sondern ihr Durchmesser ist am Äquator etwa 47 *km* größer als an den Polen. Der Einfachheit halber denken wir uns eine Bauchbinde um die Erde gelegt, längs des Äquators.

Der der Sonne nächstgelegene Punkt der Bauchbinde erfährt nun eine größere Gravitationskraft von der Sonne und eine kleinere Fliehkraft aufgrund seiner Bewegung um die Sonne. Umgekehrt erfährt der sonnenfernste Punkt, also auf der „Außenseite" des Systems Sonne-Erde gelegen, aufgrund des größeren Abstandes zur Sonne eine kleinere Gravitationskraft und eine größere Fliehkraft. Das bedeutet, die Sonne „versucht" den Kreisel aufzurichten, so dass die Drehachse durch die Pole senkrecht auf der Ebene der Ekliptik steht. Dieselbe Wirkung hat auch der Mond auf die Erde. Zwar ist seine Masse ungleich kleiner als die der Sonne, aber dafür ist sein Abstand zur Erde, mit kosmischen Maßstäben gemessen, sehr gering. Ergänzend sei bemerkt, dass natürlich auch die Planeten im selben Sinne, aber mit deutlich geringerer Wirkung, die Erde beeinflussen.

Wirkt nun auf einen Kreisel eine äußere Kraft, „versucht" er, senkrecht zur Figurenachse auszuweichen. Mit anderen Worten, die Rotationsachse des Kreisels, unserer Erde, beschreibt einen Kegelmantel, dessen Spitze sich im Erdmittelpunkt befindet. Abbildung 2.20 zeigt den Kegel, der senkrecht auf der Ebene der Ekliptik steht. Die Periode, die Zeit für einen vollen Umlauf, beträgt etwa 25780 Jahre. Die gemeinsame Wirkung von Sonne und Mond wird Lunisolarpräzession genannt. Sie beträgt etwa $50,4''/Jahr$. Der Anteil der Planeten heißt lediglich Präzession und beträgt $-0,12''/Jahr$. Er verringert die Wirkung der Lunisolarpräzession ([9]; [5], Seite 102).

Das hat zur Folge, dass sich der Polarstern verschieben wird. Gegenwärtig befindet er sich eigentlich zufälligerweise nahezu am Himmelsnordpol, der

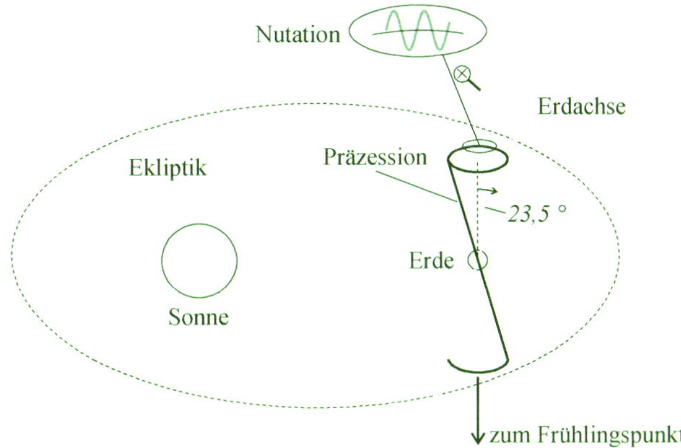

Abb. 2.20 Präzession und Nutation

nach Norden verlängerten Erdachse. Seine geozentrisch äquatorialen Koordinaten betragen $2{:}31,8\,h = 37,95\,°$ für die Rektaszension und $89,26\,°$ für die Deklination. ([10], Seite 20). In etwa 12000 Jahren wird Wega als Polarstern dienen [9]. Eine weitere Folge ist, dass sich der Frühlingspunkt rückläufig in der Ebene der Ekliptik bewegt (etwa $30\,°$ in 1000 Jahren). Gleichbedeutend damit ist, dass sich die Bezugsrichtung für das geozentrisch ekliptikale und das geozentrisch äquatoriale Koordinatensystem kontinuierlich ändert. Bei der Angabe von Positionen kosmischer Objekte muss deshalb immer die Position des Frühlingspunktes, d. h. das Äquinoktium, mit angegeben werden.

– Die Nutation. Sie ist eine vom Mond verursachte Taumelbewegung der Erdachse und überlagert den Kegel, der durch die Präzession beschrieben wird. Die Kegelwand wird geringfügig „gewellt" (siehe nochmals Abb. 2.20). Die Periode dieser Schwingung beträgt 18,6 Jahre ([9], [11]). Die Position des Himmelspols schwankt nur um wenige Bogensekunden. Sie ist also von weit geringerer Bedeutung als die Präzession. Dennoch hat dieser Effekt zur Folge, dass der wahre, zu einem bestimmten Zeitpunkt reale Frühlingspunkt, um einen mittleren Frühlingspunkt schwankt und sich die Ebene der Ekliptik und der Äquator verschieben ([2], Seite 123).

2.10 Zusammenstellungen

Es wurde bis jetzt in diesem Kapitel das Kepler-Problem, oder auch die Ephemeridenrechnung als Zweikörperproblem, in einer geschlossenen Darstellung beschrieben. Bevor wir im kommenden Kapitel zu einigen Anwendungen dieser Rechenmethode kommen, sollen die wichtigsten Gedanken noch einmal zusammengestellt werden.

Einleitend zu diesem Abschnitt werden die in diesem Buch gebrauchten Konstanten und Maßzahlen zusammengestellt. Dem folgt eine Auflistung der

Tab. 2.7 Zusammenstellung der bei den Rechnungen benötigten Größen

Kenngröße	Wert
Lichtgeschwindigkeit, c	$299792458\,m\,s^-1$
Gravitationskonstante, γ	$6,67384 \times 10^{-11}\,m^3\,kg^{-1}\,s^{-2}$
Gravitationskonstante, G	$2,959122083 \times 10^{-4}\,AE^3\,M_{Sonne}^{-1}\,d^{-2}$
Masse der Sonne, m_{sonne}	$1,98892 \times 10^{30}\,kg$
Masse des Mondes, m_{mond}	$7,348 \times 10^{22}\,kg$
Masse der Erde, m_{erde}	$5,9722 \times 10^{24}\,kg$
Monddurchmesser, d_m	$3476\,km$
Erddurchmesser, d_e	$12756\,km$
Sonnendurchmesser, d_s	$695800\,km$
Abstand Mond-Erde, s_{em}	$384400\,km$
Abstand Erde-Sonne, s_{es}	$149597870700\,m$

Rechenschritte, so dass insbesondere die im Kap. 3 gezeigten Anwendungsbeispiele leichter nachvollzogen werden können. Abschließend werden noch einmal alle verwendeten Bezugssysteme aufgelistet und deren Koordinaten genannt.

2.10.1 Kenngrößen

In Tab. 2.7 sind einige Naturkonstanten und die wichtigsten Maßzahlen, die für die dargestellten Berechnungen verwendet werden, zusammengestellt.

2.10.2 Rechenschritte

Aufgrund des doch recht hohen Rechenaufwandes zum Nachvollziehen einzelner in der Folge noch zu beschreibender Anwendungsfälle oder zum Berechnen neuer Planeten-, Mond- oder Sonnenpositionen, ist es notwendig und sinnvoll, einzelne Rechenschritte zu programmieren. Das reicht vom Erstellen eines eigenen Rechenprogramms bis zum Einschreiben der Formeln in ein Tabellenkalkulationsprogramm. Es werden alle notwendigen Rechenschritte zusammengestellt:

- **Zeitmessung.**
  - **Julianisches Datum.** Gl. (1.18) und Gl. (1.17)

$$JD/d = \text{floor}(365,25\,y) + \text{floor}(30,6001\,(m+1)) + H$$
$$+ 1720996,5 + day + UT/24$$

$$\text{mit}\quad H = \text{floor}(y/400) - \text{floor}(y/100).$$

– **Anzahl der Jahrhunderte nach aktuellem Äquinoktium.** Gl. (1.19)

$$T = \frac{JD - 2451545,0}{36525} \, Jhd.$$

- **Bahnebene.**
  – **Mittlere Anomalie.** Am Beispiel der Erde Gl. (1.25)

$$M = 35999,0498 \, \frac{^\circ}{Jhd} \times T_u + 357,5256^\circ$$

  – **Winkel zwischen Bahnebene und Ebene der Ekliptik.** Am Beispiel der Venus: Gl. (1.27)

$$i = 0,0010 \, \frac{^\circ}{Jhd} \times T + 3,3946^\circ$$

  – **Länge des aufsteigenden Knotens.** Am Beispiel der Venus: Gl. (1.29)

$$\Omega = 0,9 \, \frac{^\circ}{Jhd} \times T + 76,68^\circ$$

  – **Länge des Perihels.** Am Beispiel der Venus: Gl. (1.32)

$$\bar{\omega} = 1,408 \, \frac{^\circ}{Jhd} \times T + 131,5718^\circ$$

  – **Exzentrische Anomalie.** Gl. (1.48)

$$E_{i+1} = E_i - \frac{M - E_i + e \sin E_i}{e \cos E_i - 1}$$

  – **Wahre Anomalie.** Gl. (1.61)

$$v = 2 \arctan \left(\sqrt{\frac{1+e}{1-e}} \times \tan \left(\frac{E}{2} \right) \right)$$

  – **Abstand Planet-Sonne.** Gl. (1.63)

$$r = a \, (1 - e \cos E)$$

  – **Bahngeschwindigkeit, Vis-viva-Gesetz.** Gl. (1.68)

$$v^2 = \gamma \, (M + m) \left(\frac{2}{r} - \frac{1}{a} \right)$$

  – **Argument der Breite.** Gl. (1.73)

$$u = \bar{\omega} - \Omega + v$$

- **Heliozentrisch ekliptikale Koordinaten.**
  - **Breite.** Gl. (2.26)

$$b = \begin{pmatrix} \arcsin\left(\sin(u)\sin(i)\right) \\ \pi - \arcsin\left(\sin(u)\sin(i)\right) \end{pmatrix}$$

  - **Länge.** Gl. (2.27)

$$l = \begin{pmatrix} \arccos\left(\frac{A}{\cos(b)}\right) + \Omega \\ -\arccos\left(\frac{A}{\cos(b)}\right) + \Omega \end{pmatrix} \quad \text{mit} \quad A = \cos(u)$$

  - **Position der Sonne.** Gl. (2.45)

$$\lambda = L + 180°$$

  - **Schrägstellung der Erdachse.** Gl. (2.46)

$$\epsilon = 23,439291° - 0,013004\,\frac{°}{Jhd} \times T$$

- **Geozentrisch ekliptikale Koordinaten.**
  - **Länge.** Gl. (2.37)

$$\lambda = -\arctan\frac{S-T}{N-M} \quad \text{mit}$$

$$M = r\,\cos(b)\,\cos(l)$$
$$N = R\,\cos(B)\,\cos(L)$$
$$S = r\,\cos(b)\,\sin(l)$$
$$T = R\,\cos(B)\,\sin(L)$$

  - **Breite.** Gl. (2.38)

$$\beta = -\arctan\left(\frac{\cos(\lambda)(X-Y)}{N-M}\right) \quad \text{mit}$$

$$M = r\,\cos(b)\,\cos(l)$$
$$N = R\,\cos(B)\,\cos(L)$$
$$X = r\,\sin(b)$$
$$Y = R\,\sin(B)$$

– **Abstand.** Gl. (2.39) auf Seite 46

$$\Delta = \frac{X - Y}{\sin(\beta)} \quad \text{mit}$$

$$X = r\,\sin(b)$$

$$Y = R\,\sin(B)$$

- **Geozentrisch äquatoriale Koordinaten.**
  – **Deklination.** Gl. (2.51)

$$\delta = \arcsin(C) \quad \text{mit}$$

$$C = \sin(\epsilon) \times \cos(\beta) \times \sin(\lambda) + \cos(\epsilon)$$

  – **Rektaszension.** Gl. (2.52)

$$\alpha = \arccos\left(\frac{A}{\cos(\delta)}\right) \quad \text{mit}$$

$$A = \cos(\beta) \times \cos(\lambda)$$

- **topozentrische Koordinaten.**
  – **geozentrische Breite.** Gl. (2.53)

$$\Phi = \varphi - 0,1924^\circ \times \sin(2\varphi)$$

  – **Abstand zum Erdmittelpunkt.** Gl. (2.54)

$$\varrho \approx 6378,14\,km - 21,38\,km \times \sin^2(\varphi)$$

  – **Sternzeit.**
    - **Null Uhr Greenwicher Zeit.** Gl. (2.56)

$$\theta_0/h = \left(6 + \frac{41}{60} + \frac{50,54841}{3600}\right) + \left(\frac{8640184,812866}{3600} \times T_0\right)$$
$$+ \left(\frac{0,093104}{3600} \times T_0^2\right) - \left(\frac{0,0000062}{3600} \times T_0^3\right)$$

    - **Beobachtungszeit.** Gl. (2.58)

$$\theta_{zeit} = \theta_0 + UT \times 1,00273790935$$

    - **Beobachtungsort.** Gl. (2.63)

$$\theta_{ort} = \theta_{zeit} + \lambda$$

Tab. 2.8 Zusammenstellung der Koordinatensysteme

Name	Bezugsebene	Bezugsrichtung	Nullpunkt	Abstand	Länge	Breite
Bahnebene eines Planeten	Bahnebene	Knotenlinie Bahnebene – Ebene der Ekliptik	Sonnenmittelpunkt	Entfernung zum Sonnenmittelpunkt r	Argument der Breite, $u = 0...360°$ in Richtung der Bewegung des Planeten	
heliozentrisch ekliptikal	Ebene der Ekliptik	Frühlingspunkt	Sonnenmittelpunkt	Entfernung zum Sonnenmittelpunkt r	ekliptikale Länge l $0...360°$	ekliptikale Breite b $-90°...90°$
geozentrisch ekliptikal	Ebene der Ekliptik	Frühlingspunkt	Erdmittelpunkt	Entfernung zum Erdmittelpunkt Δ	ekliptikale Länge λ $0...360°$	ekliptikale Breite β $-90°...90°$
geozentrisch äquatorial	Äquatorebene, Himmelsäquator	Frühlingspunkt	Erdmittelpunkt	Entfernung zum Erdmittelpunkt Δ	Rektaszension α $0...24\,h$	Deklination δ $-90°...90°$
topozentrisch	am Beobachtungsstandort parallel zur Äquatorebene	Frühlingspunkt	Beobachtungsstandort	Entfernung zum Beobachtungsstandort Δ'	Rektaszension α' $0...24\,h$	Deklination δ' $-90°...90°$
horizontal	am Beobachtungsstandort tangential zur Erdoberfläche	Süden	Beobachtungsstandort		Azimut A $0...360°$	Höhe h $-90°...90°$

– **Deklination.** Gl. (2.68) bis (2.70) und Gl. (2.71)

$$A = \Delta \cos(\delta) \cos(\alpha) - \varrho \cos(\varphi) \cos(\theta)$$

$$B = \Delta \cos(\delta) \sin(\alpha) - \varrho \cos(\varphi) \cos(\theta)$$

$$C = \Delta \sin(\delta) - \varrho \sin(\varphi)$$

$$\delta' = \arctan 2\left(\frac{((A^2 + B^2 + C^2) \times (A^2 + B^2))^{\frac{1}{2}}}{A^2 + B^2 + C^2}, \frac{C}{(A^2 + B^2 + C^2)} \right)$$

– **Rektaszension.** Gl. (2.72)

$$\alpha' = \arccos\left(\frac{A \times \tan(\delta')}{C} \right)$$

– **Abstand Beobachter – Planet.** Gl. (2.73)

$$\Delta' = \frac{C}{\sin(\delta')}$$

● **Horizontsystem.**
   – **Höhe.** Gl. (2.83)

$$h = \arcsin\left(\sin(\varphi) \sin(\delta) + \cos(\varphi) \cos(\delta) \cos(t) \right)$$

   – **Azimut.** Gl. (2.84)

$$A = \arcsin\left(\frac{\sin(t) \cos(\delta)}{\cos(h)} \right)$$

2.10.3 Koordinatensysteme

In Tab. 2.8 sind die wichtigsten Kenngrößen der verschiedenen Koordinatensysteme, beginnend von der Bahnebene eines Planeten bis zum Horizontsystem, dem System eines Beobachters auf der Erdoberfläche, zusammengestellt.

Literatur

[1] Montenbruck, O.: Grundlagen der Ephemeridenrechnung. Spektrum Akademischer Verlag, Heidelberg (2005)
[2] Montenbruck, O., Pfleger, T.: Astronomie mit dem Personal Computer. Springer, Berlin (2004)

[3] Der Sterntag, ohne Angabe der Autoren, in https://de.wikipedia.org/wiki/Sterntag, letzter Zugriff am 22.5.2017

[4] Die Sternzeit, ohne Angabe der Autoren, in https://de.wikipedia.org/wiki/Sternzeit, letzter Zugriff am 22.5.2017

[5] Westphal, W. H.: Physik. Springer, Berlin (1950)

[6] Der Stundenwinkel, Jason Harris, in http://docs.kde.org/development/de/kdeedu/kstars/ai-hourangle.html, letzter Zugriff am 22.5.2017

[7] Das online-Lexikon der Astronomie von www.astronomie.info http://lexikon.astronomie.info/stichworte/Berechnungen.html?&printpage, letzter Zugriff am 22.5.2017

[8] Der Sonnenstand, ohne Angabe der Autoren, in https://de.wikipedia.org/wiki/Sonnenstand, letzter Zugriff am 22.5.2017

[9] Die Nutation, ohne Angabe der Autoren, in http://www.physik.uni-frankfurt.de/Dechend/Dateien/Pr%E4zession%20und%20Nutation.htm, letzter Zugriff am 22.5.2017

[10] Erich Karkoschka. Atlas für Himmelsbeobachter. Franckh-Kosmos Verlags-GmbH & Co., Stuttgart (2013)

[11] Die Nutation, ohne Angabe der Autoren, in https://de.wikipedia.org/wiki/Nutation_(Astronomie), letzter Zugriff am 22.5.2017

In diesem Kapitel werden Anwendungen des im Kap. 1 beschriebenen Formalismus vorgestellt. Über den Sachverhalt hinaus, dass diese an interessanten Beispielen gezeigt werden, soll auch der möglicherweise für den einzelnen Leser recht abstrakt wirkende Rechenweg noch einmal anschaulich dargestellt werden.

Als Beispiel dafür soll die Beschreibung der Position der Erde und der Venus im Abschn. 3.3 dienen. Dabei wird kein neues Wissen vermittelt. Die Darstellung der einzelnen Bahnparameter anhand von zwei sich unterscheidenden Planeten, der Erde in der Ebene der Ekliptik und der Venus auf einer Ebene, die dazu leicht geneigt ist, veranschaulicht jedoch die Bedeutung einzelner astronomischer Kenngrößen, deren Beschreibungen ohne Anwendungsbeispiel im Abschn. 1.2 möglicherweise schwer verständlich sind.

Weiterhin können die Beispiele, je nach Wissensstand des einzelnen Lesers, auch der Erweiterung der Kenntnisse auf dem Gebiet der Astronomie dienen. Hier sollen die Beschreibung der Sternkarte und die Berechnung des Analemmas (Abschn. 3.4 und 3.6) genannt werden.

3.1   Der Sonnenstand

Die Betrachtungen über den Sonnenstand sind in drei Abschnitte unterteilt.

- Es werden die Berechnung des Sonnenaufganges bzw. -unterganges und die Ermittlung des Zeitpunktes des Zenitdurchgangs aufgezeigt. Darüber hinaus werden die verschiedenen Festlegungen des Begriffs „Dämmerung" erläutert.
- Da die Sonne als unser Zentralgestirn eine besondere Bedeutung für uns hat, soll der Einfluss der Laufzeit des Lichtes von der Sonne zur Erde mit akzeptabler Genauigkeit veranschaulicht werden.
- Abschließend wird die Berechnung des Azimuts in Abhängigkeit von der Zeit erklärt. Das ist insofern von Bedeutung, weil die zugehörige Formel zur Berechnung des Azimuts eine Doppellösung ergibt. Es wird ein Weg aufgezeigt, die physikalisch sinnvolle Lösung zu ermitteln.

© Springer-Verlag GmbH Deutschland 2017
D. Richter, *Ephemeridenrechnung Schritt für Schritt*,
https://doi.org/10.1007/978-3-662-54716-8_3

Tab. 3.1 Verlauf der Sonne am 15.11.2012

t/UT	$h/°$	$A_1/°$	$A_2/°$	$A/°$
$0,01$	$-52,829$	$329,277$	$210,723$	$210,723$
1	$-46,948$	$309,326$	$230,674$	$230,674$
2	$-39,168$	$292,972$	$247,028$	$247,028$
3	$-30,441$	$279,264$	$260,736$	$260,736$
4	$-21,373$	$272,931$	$267,069$	$272,931$
5	$-12,395$	$284,462$	$255,538$	$284,462$
6	$-3,871$	$295,961$	$244,039$	$295,961$
7	$3,839$	$307,907$	$232,093$	$307,907$
8	$10,345$	$320,646$	$219,354$	$320,646$
9	$15,228$	$334,335$	$205,665$	$334,335$
10	$18,093$	$348,866$	$191,134$	$348,866$
11	$18,663$	$3,829$	$176,171$	$3,829$
12	$16,878$	$18,634$	$161,366$	$18,634$
13	$12,919$	$32,757$	$147,243$	$32,757$
14	$7,138$	$45,941$	$134,059$	$45,941$
15	$-0,048$	$58,225$	$121,775$	$58,225$
16	$-8,233$	$69,872$	$110,128$	$69,872$
17	$-17,046$	$81,299$	$98,701$	$81,299$
18	$-26,133$	$86,943$	$93,057$	$93,057$
19	$-35,108$	$74,122$	$105,878$	$105,878$
20	$-43,469$	$59,237$	$120,763$	$120,763$
21	$-50,472$	$41,045$	$138,955$	$138,955$
22	$-55,036$	$18,705$	$161,295$	$161,295$

Unter Verwendung der Gl. (2.83) und (2.84) wurde der Sonnenstand für den 15.11.2012 in Abhängigkeit von der Weltzeit errechnet. Die geographische Länge betrug $15°$ ö. L. Tabelle 3.1 enthält neben der Zeit die Höhe h, zwei errechnete Azimutwinkel A_1 sowie A_2, gemäß der Doppellösung nach Gl. (2.84), und den physikalisch sinnvollen Azimutwert A.

3.1.1 Der Sonnenstand in Abhängigkeit von der Zeit

Abbildung 3.1 zeigt den Stand der Sonne über der Zeit. Die Darstellung in Graph (a) ist geeignet, die Sonnenauf- und -untergangszeit abzuschätzen. Im Graph (b) wird der Verlauf der Kurve im Bereich des Maximums vergrößert angezeigt. Tab. 3.2 enthält die zugehörigen errechneten Werte. Das Anliegen besteht darin, den Zeitpunkt des höchsten Sonnenstandes zu ermitteln. Eine Regressionsrechnung[1] über die

---

[1]GNUPLOT, Version 4.4, patchlevel 3, http://www.gnuplot.info, Thomas Williams, Colin Kelley and many others

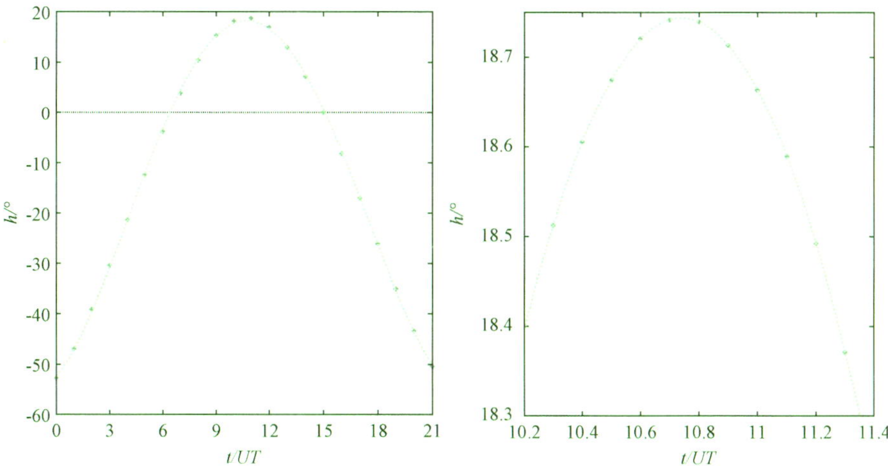

Abb. 3.1 Höhe des Sonnenstandes über der Zeit

Tab. 3.2 Verlauf der Sonne am
15.11.2012 in der Nähe des Zenits

t/UT	$h/°$
$10,3$	$18,512$
$10,4$	$18,605$
$10,5$	$18,674$
$10,6$	$18,72$
$10,7$	$18,741$
$10,8$	$18,739$
$10,9$	$18,713$
$11,0$	$18,663$
$11,1$	$18,589$
$11,2$	$18,492$
$11,3$	$18,371$

Werte des Tages (siehe Tab. 3.1) mit einer ganzen rationalen Funktion 4. Ordnung
ergibt:

$$h = h(t) = a + b\,t + c\,t^2 + d\,t^3 + e\,t^4 \tag{3.1}$$

mit $a = -52,1187\,°/h^1$, $b = 3,9291\,°/h^2$, $c = 1,5103\,°/h^2$, $d = -0,1571\,°/h^3$ und
$e = 0,0036\,°/h^4$. Mit Hilfe des Newton-Verfahrens (siehe Abschn. A.1) werden
die Nullstellen $t_{01} = 6,4254\,h$, Sonnenaufgang, und $t_{02} = 15,0797\,h$, Sonnen-
untergang, ermittelt. Die Sonne geht somit um 7:25:31,5 Uhr MEZ auf und um
15:50:9,2 Uhr MEZ unter. Diese Zeiten werden als die wahre Sonnenaufgangs- bzw.
Sonnenuntergangszeit bezeichnet. Es gibt drei weitere Zeiten des Dämmerungsbe-
ginns bzw. -endes. Ist die Sonne $18\,°$ unter dem Horizont, spricht man von der
astronomischen Dämmerung. Beträgt der Wert $12\,°$, so wird die Dämmerung als

nautisch, bei $6\,^\circ$ als bürgerlich bezeichnet. Folglich sind für folgende Gleichungen die Nullstellen zu finden:

$$-18\,^\circ = a + b\,t + c\,t^2 - d\,t^3 + e\,t^4 \qquad \text{astronomische Dämmerung,} \qquad (3.2)$$

$$-12\,^\circ = a + b\,t + c\,t^2 - d\,t^3 + e\,t^4 \qquad \text{nautische Dämmerung und} \qquad (3.3)$$

$$-6\,^\circ = a + b\,t + c\,t^2 - d\,t^3 + e\,t^4 \qquad \text{bürgerliche Dämmerung.} \qquad (3.4)$$

Die unterschiedlichen Sonnenaufgangs- und -untergangszeiten werden genannt: $5{:}21{:}30{,}9\,h$ (astronomisch), $6{:}00{:}33{,}2\,h$ (nautisch) und $6{:}41{:}23{,}0$ (bürgerlich) sowie die Sonnenuntergangszeiten $18{:}07{:}51{,}4\,h$ (astronomisch), $17{:}29{:}11{,}7\,h$ (nautisch) und $16{:}52{:}08{,}9\,h$ (bürgerlich).

Zur Berechnung des höchsten Standes der Sonne betrachten wir Graph(b). Das Maximum der Regressionskurve gemäß Gl. (3.1) wird mit folgenden Koeffizienten beschrieben: $a = 74{,}1168\,^\circ/h^1$, $b = -46{,}3423\,^\circ/h^2$, $c = 8{,}8700\,^\circ/h^2$, $d = -0{,}6253\,^\circ/h^3$ und $e = 0{,}0146\,^\circ/h^4$. Der Maximalwert wurde zu $t_{max} = 10{,}7436\,h\,UT$ bestimmt. Somit erreicht die Sonne nach unserer Rechnung ihren höchsten Stand um 11:44:37 Uhr MEZ.

3.1.2 Die Berücksichtigung der Lichtlaufzeit

An dieser Stelle ist es angebracht, eine Abweichung von unserem Vorhaben „Sonnenaufgang und Co. bestimmen leicht gemacht" zuzulassen. Wenn wir den Sonnenstand schon möglichst auf eine Genauigkeit im Minutenbereich berechnen wollen, so müssen wir die Laufzeit des Lichtes von der Sonne zur Erde berücksichtigen. Sehen wir die Sonne, so blicken wir, zwar nur recht wenig, aber eben doch, in die Vergangenheit. Die Entfernung r, Erde-Sonne, beträgt zum Zeitpunkt t_{max} etwa $r = 0{,}9890\,AE$, wie mit Gl. (2.39) leicht zu berechnen ist. Wir machen keinen großen Fehler, wenn wir diesen Abstand im Verlaufe eines Tages als konstant ansehen. Die Länge einer astronomischen Einheit AE und die Lichtgeschwindigkeit c werden Tab. 2.7 entnommen. Aus dem Weg-Zeit-Gesetz der geradlinig gleichförmigen Bewegung erhalten wir die Laufzeit t_l des Lichtes von der Sonne bis zur Erde:

$$t_l = \frac{r}{c} = \frac{0{,}9890\,AE \times 1{,}49598 \times 10^{11}\,m/(AE)}{299792458\,m\,s^{-1}}$$
$$= 493{,}5\,s = 0{,}137\,h = 8{:}14\,min. \qquad (3.5)$$

Wenn wir beispielsweise einen Sonnenaufgang betrachten, steht die Sonne in der Realität eigentlich schon ein klein wenig höher. Wir schauen mit einer Zeitverzögerung von etwa $8\,min$ in die Vergangenheit.

Oder anders formuliert: Wir beobachten den Sonnenaufgang und registrieren die Uhrzeit, beispielsweise 7 Uhr. Das Licht wurde in diesem Fall bereits 6:52 Uhr

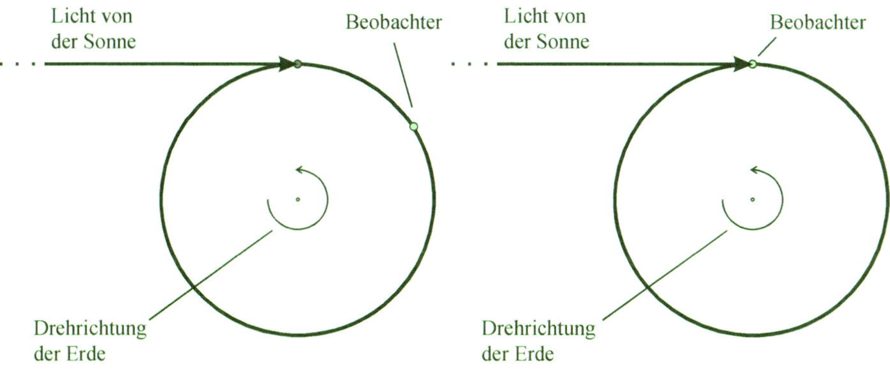

(a) Rechnerische Lösung ohne Berücksichtigung der Lichtlaufzeit, 6:52 Uhr

(b) Ansicht nach Ablauf der Lichtlaufzeit, 7 Uhr

Abb. 3.2 Einfluss der Lichtlaufzeit

ausgesendet. Die Erde hat sich aber in den $8\,min$ ein wenig weitergedreht, so dass wir die Sonne gerade am Horizont sehen. Abbildung 3.2, Graph (a), zeigt schematisch den Zustand zum Zeitpunkt des Aussendens des Lichtes (6:52 Uhr) ohne Berücksichtigung der Lichtlaufzeit. Das Licht kommt zum selben Zeitpunkt auf der Erde an. Graph (b) zeigt die Verhältnisse $8\,min$ später, bei denen der Beobachter den Sonnenaufgang in der Realität sieht. Das bedeutet, dass bei Berechnungen ohne Berücksichtigung der Lichtlaufzeit ein „durch die Berechnung angekündigtes Ereignis" annähernd nach der durch den Abstand zum Objekt festgelegten Lichtlaufzeit zu beobachten ist.[2]

Wie berücksichtigen wir die Lichtlaufzeit in unserer Rechnung?

- Dazu muss die Position der Erde (Abstand r, Länge l und Breite b) in heliozentrisch ekliptikalen Koordinaten zum Beobachtungszeitpunkt t berechnet werden. Das erfolgt wie im Abschn. 2.3 beschrieben, nachdem die Koordinaten im System der Bahnebene berechnet wurden.
- Weiterhin muss die heliozentrische Position der Sonne, oder verallgemeinert gesagt die Position eines gerade betrachteten Planeten, zum Zeitpunkt der Lichtaussendung $t - t_l$ ermittelt werden. In Anbetracht unserer nicht allzu genauen Rechnung genügt es, die Lichtlaufzeit wie im Beispiel (Gl. (3.5)) zu berechnen.
- Als letztes muss, von der Erde aus gesehen, also in geozentrisch ekliptikalen Koordinaten, die Position des betrachteten Objektes, in unserem Fall die Position der Sonne, zum Zeitpunkt $t-t_l$ berechnet werden. Somit kennen wir die Richtung,

---

[2]Da unsere Rechenmethode, jeweils nur einen Planeten und die Sonne zu betrachten (Zweikörperproblem), nicht allzu genau ist, ist es nicht zweckmäßig, die streng genommen eigentlich notwendige relativistische Betrachtungsweise an dieser Stelle einzuführen.

Tab. 3.3 Einfluss der Lichtlaufzeit

Parameter	nicht berücksichtigt	berücksichtigt
Abstand r/AE	$0,9890316$	$0,9890316$
Länge der Erde $l/°$	$53,4801572$	$53,4801572$
Breite der Erde $b/°$	0	0
Ekliptikale Länge der Sonne λ/h	15:33:55,2	15:33:53,8
Ekliptikale Breite der Sonne $\beta/°$	$0,000$	$0,000$
Rektaszension α/h	15:24:22,429	15:24:21,018
Deklination $\delta/°$	$-18,642$	$-18,640$
Stundenwinkel τ/rad	$6,2829$	$6,2470$
Azimut $A/°$	$359,983$	$357,926$
Höhe $h/°$	$18,743$	$18,722$

aus der das Licht, beispielsweise das der Sonne, zum genannten Zeitpunkt die Erde trifft.

Tabelle 3.3 zeigt den Einfluss der Lichtlaufzeit auf die errechneten Koordinaten in den einzelnen Bezugssystemen um $10,7436\,UT$. Das ist das Maximum der Sonnenstandsverläufe in Abb. 3.1.

3.1.3 Der Azimut in Abhängigkeit von der Zeit

Bei der Berechnung der Koordinaten im Horizontsystem erhalten wir bei der Berechnung des Azimuts, Gl. (2.82), eine Doppellösung. In Abb. 3.3, Graph(a), sind die Lösungen für A_1 und A_2 als Funktion der Zeit aufgetragen. Es ist leider nicht so, dass mit einer Lösung der gesamte zeitliche Bereich abgedeckt werden kann.

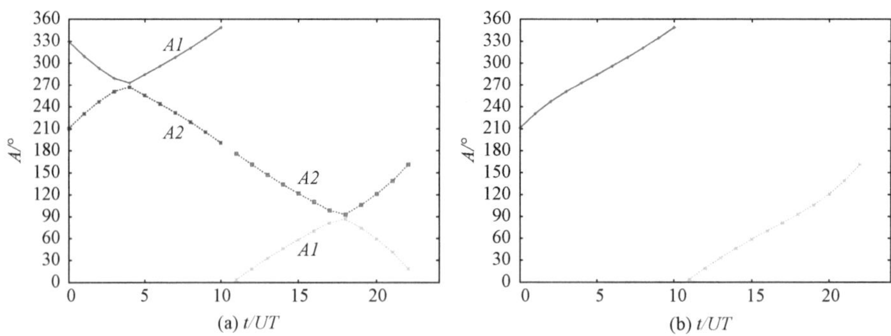

Abb. 3.3 Azimutwinkel über der Zeit UT

Die physikalisch sinnvolle Lösung setzt sich teils aus $A_1(t)$ und teils aus $A_2(t)$ zusammen (Graph(b)).

3.1.4   Die Zeitgleichung

Unsere Beobachtungsposition befindet sich $1,8\,°$ westlicher als $15\,°$ östlicher Länge. Die Sonne erreicht also einige Minuten vor 12 Uhr MEZ das Maximum. Befindet sie sich dort, ist es Mittag und 12 Uhr wahrer Ortszeit. Zeigt unsere „nach dem Radio" gestellte Uhr einige Minuten später 12 Uhr an, so ist das die mittlere Sonnenzeit bzw. mittlere Ortszeit. Die Zeitgleichung ist die Differenz

$$\textit{wahre Ortszeit} - \textit{mittlere Ortszeit}$$

bzw.
$$\textit{wahre Sonnenzeit} - \textit{mittlere Sonnenzeit.}$$

Etwas salopp formuliert, die Zeitgleichung ist eine Tabelle oder eine Kurve, mit der wir die von einer Sonnenuhr angezeigte wahre Ortszeit in die mittlere Ortszeit, die „Radiozeit", umrechnen können.

3.2   Wann ist Frühlingsanfang?

In Abb. 3.4 wird die Bahn der Erde um die Sonne schematisch dargestellt. Die x-Achse unseres kartesischen Koordinatensystems zeigt, wie bei allen entsprechenden Abbildungen vorher auch, in die Richtung des Frühlingspunktes. Zum Frühlingsanfang steht die Sonne von der Erde aus gesehen im Frühlingspunkt. Folglich befindet sich die Erde auf dem negativen Teil der x-Achse. Die y-Werte sind Null. Die Koordinate der Länge im heliozentrisch ekliptikalen System beträgt $l_F = 180\,°$. Damit ist der Zeitpunkt des Frühlingsanfangs eigentlich eindeutig beschrieben.

Eine zweite oft benutzte Definition ist die, dass der Zeitpunkt des Frühlingsanfangs genau dann ist, wenn die Sonne die Äquatorebene der Erde durchdringt. In einem Gedankenexperiment schieben wir die Erde in unserer Abbildung etwas nach „rechts in Richtung Winter". Jetzt befindet sich die Sonne unterhalb der Äquatorebene. Schieben wir sie zurück auf die y-Achse, so durchdringt die Sonne die Äquatorebene. Es ist Frühlingsanfang. Schieben wir die Erde anschließend noch etwas weiter nach „links in Richtung Sommer", so befindet sich die Sonne oberhalb der Äquatorebene. Auf der Nordhalbkugel der Erde beginnt die warme Zeit des Jahres.

Setzen wir diese Gedankengänge fort, so ist bei einer heliozentrisch ekliptikalen Länge der Erde von $l_S = 270\,°$ der Sommeranfang. Die Sonne erreicht ihren höchsten Stand über der Äquatorebene. Zum Herbstanfang wird wieder die Äquatorebene

Abb. 3.4 Die Positionen der Erde zum Beginn der Jahreszeiten

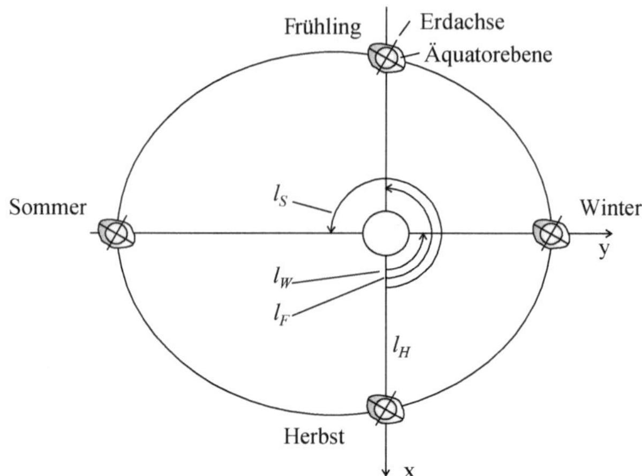

durchdrungen, aber diesmal in umgekehrter Richtung. Die zugehörige Länge beträgt $l_H = 0$. Zum Winteranfang, bei $l_W = 90°$, hat die Sonne ihren niedrigsten Stand über dem Horizont. Von diesem Zeitpunkt an werden die Tage wieder länger, bis dann zum Frühlingsanfang, zumindest aus der Sicht eines Astronomen, ein neuer Zyklus beginnt. Die Berechnung wird am Beispiel des Frühlingsanfangs des Jahres 2014 vorgestellt.

Die notwendigen Gleichungen sind im Abschn. 2.10.2 zusammengestellt und bis zur Gl. (2.27), Berechnung der Länge in heliozentrisch ekliptikalen Koordinaten, auszuführen.

In einem ersten Teilschritt wollen wir die Länge l in Abhängigkeit von der Zeit ermitteln. Der ungefähre Zeitpunkt des Frühlingsanfangs ist bekannt. Wir wählen den Zeitpunkt 20.3.2014, 0,0000 Uhr UT und berechnen das zugehörige Julianische Datum zu $JD_0 = 2456736, 50$. Die entsprechende Länge beträgt $l = 179, 3062553°$. Diese Berechnungen werden mit einem Zeitintervall von $6h$ wiederholt bis zum 22.3.2014, 0,0000 Uhr UT. Tabelle 3.4 enthält die heliozentrisch ekliptikale Länge in Abhängigkeit von der Zeit. Aus Abb. 3.4 ist zu ersehen, dass wir, wie bereits oben schon einmal beschrieben, das Julianische Datum für den Zeitpunkt suchen, zu dem die Länge $180°$ beträgt. Wir stellen die Funktion in Abb. 3.5 $l = f(JD - JD_0)$ dar. Die zugehörige Regressionsgleichung[3] zweiter Ordnung lautet:

$$l(JD-JD_0)/° = 179, 306 + 0, 993977\,(JD-JD_0) - 0, 000279356\,(JD-JD_0)^2. \quad (3.6)$$

Aus $l(JD - JD_0) = 180°$ ergibt sich $JD - JD_0 = 0, 698342\,d$ und mit $JD_0 = 2456736, 50\,d$ erhalten wir das Julianische Datum zum Frühlingsanfang im Jahre 2014 mit $JD = 2456737, 198342\,d$. Es bleibt nur noch das Julianische Datum in

---

[3]siehe Fußnote Abschn. 3.1.1

Tab. 3.4 Die heliozentrisch ekliptikale Länge der Erde als Funktion der Zeit zur Bestimmung des Frühlingszeitpunkts

JD	$JD - JD_0$	$l\,/\,°$
2456736, 50	0	179, 3062553
2456736, 75	0, 25	179, 5547319
2456737, 00	0, 50	179, 8031737
2456737, 25	0, 75	180, 0515807
2456737, 50	1, 00	180, 2999527
2456737, 75	1, 25	180, 5482898
2456738, 00	1, 50	180, 796592
2456738, 25	1, 75	181, 0448592
2456738, 50	2, 00	181, 2930914

Abb. 3.5 Bestimmung des Frühlingsanfangs 2014

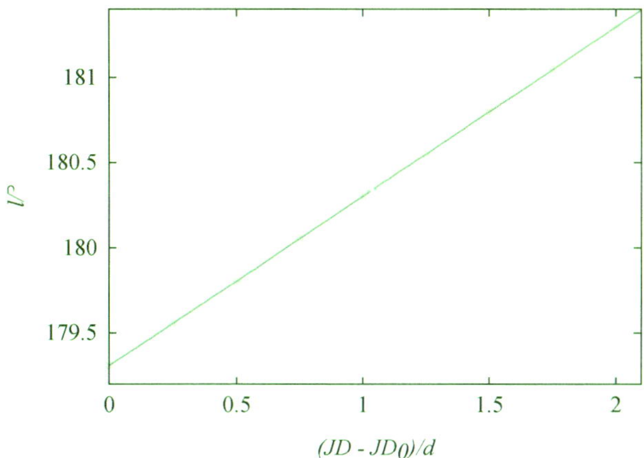

unser Kalenderformat zu überführen: Wir erhalten den 20.3.2104 16:45:36, 7 UT. Abschließend kontrollieren wir unser Ergebnis, indem wir mit dem errechneten Julianischem Datum $JD = 2456737, 198342\,d$ nochmals die Länge im heliozentrisch ekliptikalen System ausrechnen. Wir erhalten $l = 180, 0002547\,°$.

Wir erkennen, dass die Länge in der vierten Nachkommastelle von $180\,°$ abweicht. Das hat zwei Ursachen. Zum Ersten ist die Lösung der Kepler-Gleichung Gl. (1.48), d. h. die exzentrische Anomalie, eine Näherungslösung. Daraus resultiert, dass auch die wahre Anomalie, Gl. (1.61), das Argument der Breite, Gl. (1.73), und letztendlich damit auch die Länge in heliozentrisch ekliptikalen Koordinaten, Gl. (2.27), an die Genauigkeit der Lösung der Kepler-Gleichung gebunden sind. Zum Zweiten wird der Zeitpunkt des Frühlingsanfangs (siehe nochmals Abb. 3.5) mit Hilfe einer Regressions- also einer Näherungsrechnung bestimmt. Ziehen wir dies in Betracht, so können wir mit der Übereinstimmung von Rechenergebnis und Probe zufrieden sein.

Zur Bewertung unseres Zeitpunktes des Frühlingsbeginns setzen wir unser Ergebnis (20.3.2104 16:45:36, 7 UT) in das im Abschn. 2.9 genannte professionelle

Programm PLANPOS ein. Damit erhalten wir $l_{planpos} = 179,908056\,°$. Die Differenz der Längen beträgt $\Delta l = 0,092199\,°$. Wir machen es uns einfach diese Differenz zu werten: In einem Jahr überstreicht die Erde einen Vollwinkel auf ihrer Bahn um die Sonne. Dann entspricht der Winkel Δl etwa $2,2\,h$. Der Frühlingspunkt des Jahres 2014 wird bei Betrachtung des Systems Erde-Sonne als Zweikörperproblem um etwa $2\,h$ zu früh ermittelt.

3.3   Die Position der Erde und der Venus

Die beiden Beispielrechnungen in diesem Abschnitt sollen die ab Abschn. 1.2.5 beschriebenen Kenngrößen noch einmal darstellen und deren Bedeutung veranschaulichen. Dazu werden die Position der Erde und der Venus am 1.1.2014 0:00 Uhr UT beschrieben.

Das erste Beispiel beschreibt die Position des Planeten Erde auf der Ebene der Ekliptik im heliozentrischen Bezugssystem. Dabei gibt es zwei Besonderheiten bzw. Unterschiede zur allgemeinen Betrachtung von Planetenbahnen zu beachten:

- die Berechnung des Arguments der Breite u in der Bahnebene im Zusammenhang mit der Bestimmung der Länge l in heliozentrisch ekliptikalen Koordinaten und
- den Zusammenhang zwischen dem Argument des Perihels ω und der Länge des Perihels $\bar{\omega}$.

Danach folgt die Beschreibung der Position der Venus auf ihrer Bahnebene, die zur Ebene der Ekliptik geneigt ist.

Abbildung 3.6 zeigt schematisch die Position der Erde zum oben genannten Beobachtungszeitpunkt. Die Erde hat die kartesischen Koordinaten $(-0,18, 0,97)$ in astronomischen Einheiten AE. Das Argument der Breite beträgt $u = 100,5\,°$. Das ist der Winkel zwischen dem Strahl zum Frühlingspunkt und dem Strahl zum Planeten in der Bahnebene. Die Länge im heliozentrisch ekliptikalen System ist ebenfalls der

Abb. 3.6 Position der Erde zum Jahresbeginn 2014

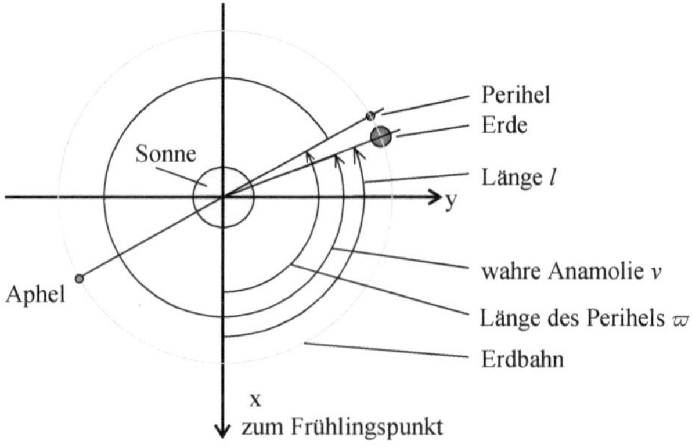

Winkel zwischen dem Strahl zum Frühlingspunkt und dem Strahl zum Planeten in der Bahnebene, aber in der Ebene der Ekliptik. Da beide Ebenen im Spezialfall des Planeten Erde identisch sind, beträgt hier die Länge ebenfalls $l = u = 100,5\,°$.

Das Argument des Perihels legt die Orientierung der großen Halbachse fest. Es ist, wie im Abschn. 1.2.7 beschrieben, der Winkel zwischen dem aufsteigenden Knoten und der Verbindungslinie zwischen Sonne und Perihel, dem sonnennächsten Punkt der Bahn. Die Knotenlinie ist die Schnittlinie der Bahnebene eines Planeten mit der Ebene der Ekliptik. Da wir aber die Erde betrachten, sind beide Ebenen identisch. Folglich kann es keine Knotenlinie geben. Die Orientierung der großen Halbachse kann nur durch die Länge des Perihels beschrieben werden. Die Länge des aufsteigenden Knotens Ω, der Winkel zwischen dem Strahl von der Sonne zum Frühlingspunkt und der (nicht vorhandenen) Knotenlinie, wird $\Omega = 0$ gesetzt. Damit ergibt sich aus Gl. (1.30) $\bar{\omega} = \omega$ und in unserem Beispiel gilt $\bar{\omega} = 103,2\,°$. Somit vereinfacht sich die Länge des Perihels zum Winkel zwischen der x-Achse, dem Strahl zum Frühlingspunkt, und dem Strahl von der Sonne zum Perihel. Die wahre Anomalie, der Winkel zwischen dem Strahl von der Sonne zum Perihel und dem Strahl von der Sonne zur Erde, beträgt (eigentlich auf der Bahnebene, aber im Spezialfall der Erde auf der Ebene der Ekliptik) $v = 356,3\,°$.

Für das zweite Beispiel müssen wir uns nochmals veranschaulichen, dass die Ebene der Erdbahn und die Richtung zum Frühlingspunkt feste Bezugsgrößen sind und sich mit ihnen die Position aller Körper auf dieser Ebene beschreiben lässt. Neu kommt die Bahnebene der Venus hinzu. Diese ist gegenüber der Ebene der Ekliptik um den Winkel i geneigt und schneidet sie in einer Linie, die Knotenlinie genannt wird. Die Linie zum Frühlingspunkt, also die x-Achse, und die Knotenlinie schließen einen Winkel ein, der als Länge des aufsteigenden Knotens Ω bezeichnet wird. Die Venus bewegt sich um die Sonne entgegen dem Uhrzeigersinn nähert sich also von unten der Ebene der Ekliptik, um anschließend oberhalb weiter ihre Bahn zu beschreiben. Daher rührt der Name „Länge des **aufsteigenden** Knotens". Die Knotenlinie „rechts" der Sonne wird auch aufsteigende Knotenlinie genannt. Durchdringt der Planet die Ebene der Ekliptik im entgegengesetzten Sinn (linke Bildhälfte), so heißt die Linie absteigende Knotenlinie. In kartesischen Koordinaten hat die Venus auf der Bahnebene die Position $(-0,053\,AE;\ 0,717\,AE)$. Der Abstand zur Sonne hat den Wert $r = 0,719\,AE$.

Inhaltlich sollten die Abb. 3.7 bis 3.9 eigentlich in einem Bild vereinigt werden. Im Interesse der Übersichtlichkeit wurde dieses aber in die Teile A, B und C aufgespalten. Nachdem wir die Positionierung in der Bahnebene (Teil A) erläutert haben, betrachten wir die Projektion der Bahn auf die Ebene der Ekliptik (Teil B). Anschließend führen wir beides gedanklich im Teil C zusammen. Die kartesischen Koordinaten betragen auf der Ebene der Ekliptik $x = -0,052\,AE$ und $y = 0,717\,AE$ und stimmen nahezu mit denen auf der Bahnebene überein. Die Ursache dafür liegt im recht kleinen Winkel von $i = 3\,°$ zwischen beiden Ebenen. Bei der Kombination der beiden Abbildungen kommen lediglich die Länge des aufsteigenden Knotens Ω, die Breite b und der Winkel i zwischen den Ebenen dazu.

Abb. 3.7 Position der Venus zum Jahresbeginn 2014, Teil A – Bahnebene

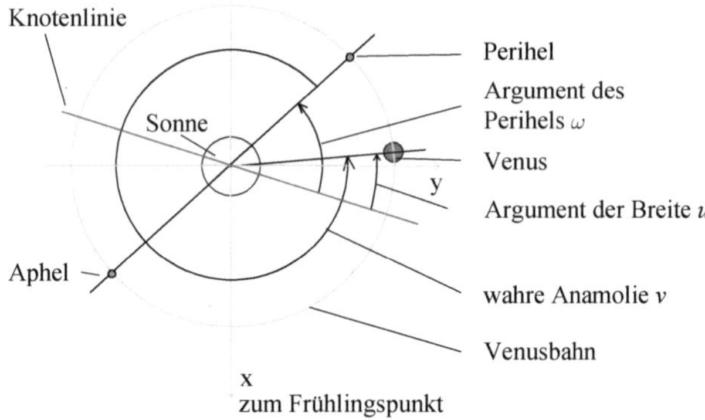

Abb. 3.8 Position der Venus zum Jahresbeginn 2014, Teil B – Ebene der Ekliptik

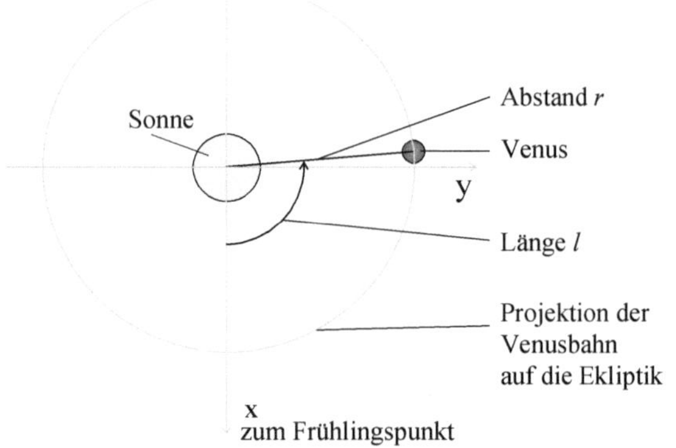

Abb. 3.9 Position der Venus zum Jahresbeginn 2014, Teil C – Bahnebene und Ebene der Ekliptik

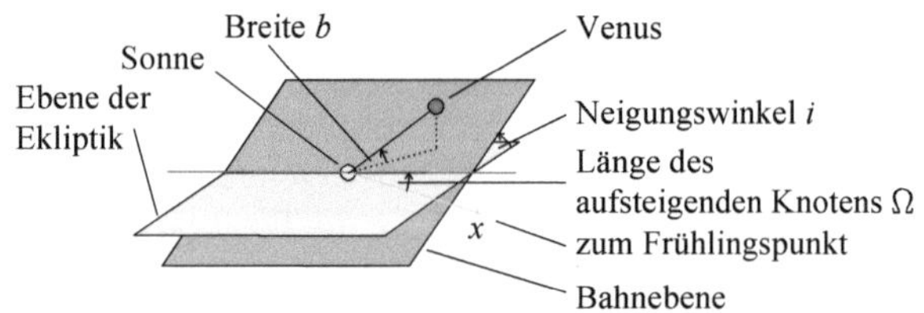

3.4   Sternkarte

Trotz aller elektronischen Hilfsmittel ist eine Sternkarte für Amateure ein zeitgemä-
ßes Mittel, sich am Sternenhimmel zu orientieren, beispielsweise um die Position

einzelner Objekte zu ermitteln und am Himmel zu finden, oder auch ihre Aufgangs- und Untergangszeiten zu bestimmen.

Eine Sternkarte besteht aus zwei kreisförmigen Scheiben, die an ihren Mittelpunkten drehbar miteinander verbunden sind (Planisphäre). Auf der hinteren Scheibe, der Sternscheibe, sind die wichtigsten Sterne des nördlichen Sternenhimmels (für uns auf der Nordhalbkugel Lebenden) in geozentrisch äquatorialen Koordinaten eingezeichnet. Auf dieser Scheibe ist eine zweite, die Deckscheibe, heute meist aus durchsichtigem Material, angebracht. Mit ihrer Hilfe ist es möglich, den gerade sichtbaren Bereich des Himmels in Abhängigkeit von der Zeit und dem vorgegebenen Beobachtungsort zu markieren. Es gibt auch Bauformen mit undurchsichtiger Deckscheibe, z. B. aus Pappe. In dieser befindet sich ein entsprechender Ausschnitt, so dass der aktuell zu beobachtende Teil des Sternenhimmels freigelegt ist.

Die Erkenntnisse der Kap. 1 und 2 sind notwendig, um die Positionen der eingezeichneten Sterne, des Zirkumpolarkreises und des Himmeläquators zu verstehen. Zur Berechnung der Ekliptik und des auf der vorderen Scheibe eingezeichneten sichtbaren Bereiches müssen wir die Kenntnisse der Ephemeridenrechnung anwenden. Darüber hinaus wollen wir uns interessierende kosmische Objekte neu in eine Sternkarte einzeichnen. Dazu müssen wir die von uns gemessenen Koordinaten (Höhe und Azimut) in geozentrisch äquatoriale Koordinaten umformen, um das Objekt anschließend auf der hinteren Scheibe einzeichnen zu können.

Streng genommen gilt die Sternkarte nur für einen einzigen Beobachtungsstandpunkt. Deshalb sei dieser hier angegeben: Der Ort ist der Alexanderplatz im Zentrum Berlins ($52,52\,°$ n. B. und $13,41\,°$ ö. L.). Weil jedoch aufgrund der nicht allzu genauen Einstell- und Ablesegenauigkeit einer Sternkarte nur Näherungswerte ermittelt werden, lässt sich eine Sternkarte nicht nur am zur Berechnung zugrunde gelegten Beobachtungspunkt verwenden. Außerdem wird die Sternkarte bei der Benutzung durchaus auch über dem Kopf gehalten, um sich an der Position einzelner Sterne zu orientieren. Deshalb und wegen der damit verbundenen geringen Positioniergenauigkeit kann sie durchaus auf einem Gebiet von der Größe Mitteleuropas verwendet werden.

3.4.1 Die Sternscheibe und die Deckscheibe

Abbildung 3.10 zeigt eine mögliche Darstellung der Sternscheibe. Es sind nur wenige Sterne eingezeichnet, um die Übersichtlichkeit zu erhalten. Die Tab. 3.5 enthält die Namen dieser Sterne und ihre geozentrisch äquatorialen Koordinaten [1]. In radialer Richtung ist die Deklination aufgetragen. Sie beginnt bei etwa $-40\,°$ am Umfang des Kreises und steigt entgegen der Richtung des Radiusstrahls bis zu $90\,°$ im Kreismittelpunkt nahe beim Polarstern.

Der Polarstern befindet sich nahezu am Himmelsnordpol, der nach Norden verlängerten Erdachse. Seine geozentrisch äquatorialen Koordinaten betragen $2{:}31,8\,h = 37,95\,°$ für die Rektaszension und $89,26\,°$ für die Deklination ([1], Seite 20). Er befindet sich im Sternbild Kleiner Bär.

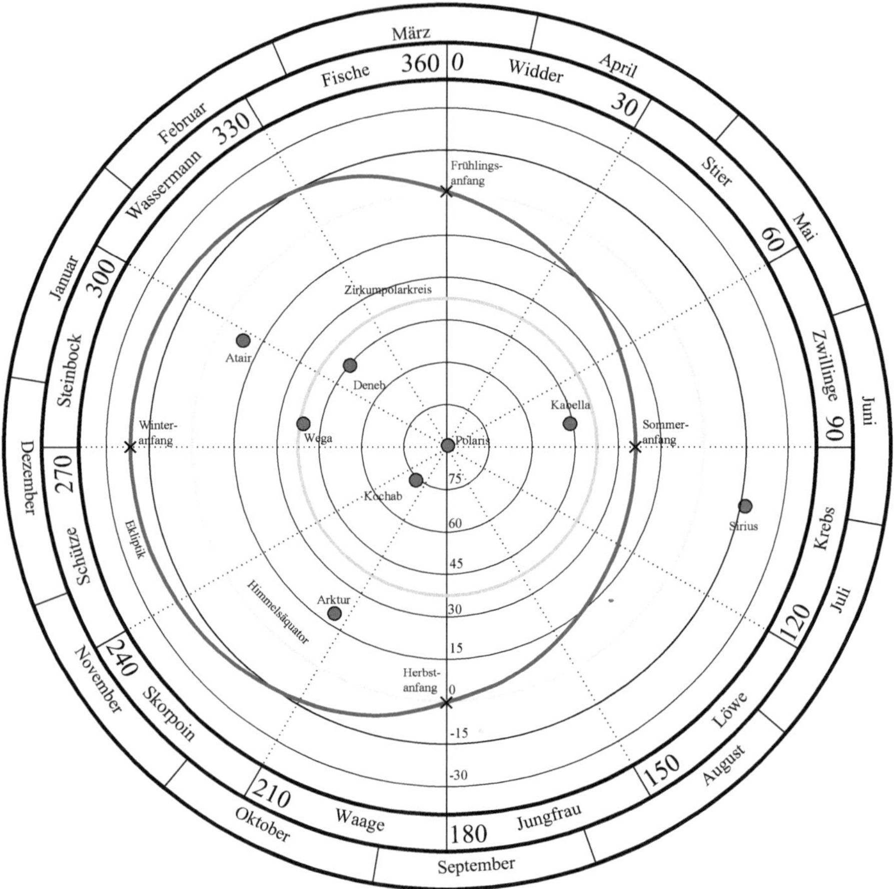

Abb. 3.10 Sternkarte - Grundscheibe

Tab. 3.5 Geozentrisch äquatoriale Koordinaten Rektaszension α und Deklination δ ausgesuchter Sterne

Name	α/h	$\delta/°$
Atair	19:50, 8	8, 87
Arktur	14:15, 7	19, 18
Wega	18:36, 9	38, 78
Deneb	20:42	45, 28
Kochab	14:50, 7	74, 16
Polaris	2:31, 8	89, 26
Kapella	5:16, 7	46, 00
Sirius	6:45, 1	−16, 72

Tab. 3.6   Tierkreiszeichen

Zeichen	Name	ekliptikale Länge	Zeitraum
♈	Widder	0° bis 30°	21.3. bis 20,4.
♉	Stier	0° bis 60°	21.4. bis 21.5.
♊	Zwillinge	60° bis 90°	22.5. bis 21.6.
♋	Krebs	90° bis 100°	22.6. bis 22.7.
♌	Löwe	100° bis 150°	23.7. bis 22.8.
♍	Jungfrau	150° bis 180°	23.8.bis 22.9.
♎	Waage	180° bis 210°	23.9. bis 22.10.
♏	Skorpion	210° bis 240°	23.10. bis 22.11.
♐	Schütze	240° bis 270°	23.11. bis 20.12.
♑	Steinbock	270° bis 300°	21.12. bis 19.1.
♒	Wassermann	300° bis 330°	20.1. bis 18.2.
♓	Fische	330° bis 360°	19.2. bis 20.3.

Der Nullpunkt der Rektaszension liegt beim Frühlingsanfang (siehe Abschn. 3.2) und wird im Uhrzeigersinn aufgetragen. Eigentlich würde es vollkommen genügen, den Vollkreis übers Jahr im Gradmaß aufzutragen, wie es in der genannten Abbildung auch der Fall ist. Jedoch ist es üblich, auch die Zeit in Form von Monaten sowie die entsprechenden Tierkreiszeichen mit anzugeben. Die Tierkreiszeichen, deren Symbole und die zugehörigen Zeiträume sind in Tab. 3.6 aufgelistet. Der in Europa verwendete Tierkreis wird tropischer Tierkreis genannt. Er ist an den vier Wendepunkten des Jahres ausgerichtet. Anhand dieser Punkte wird die Ekliptik in 12 gleichgroße Abschnitte zu 30° unterteilt. Die Zählung beginnt am Widderpunkt, dem Frühlingspunkt [2].

3.4.1.1   Zirkumpolarkreis und Himmelsäquator

Aufgrund der Schrägstellung der Erdachse sind nicht alle Sterne am Nordhimmel zu jedem beliebigen Zeitpunkt zu beobachten. Ganzjährig sichtbar sind nur die sogenannten Zirkumpolarsterne. Das sind Sterne, die sich, in unserem Beispiel in geozentrisch äquatorialen Koordinaten der Grundscheibe, nördlicher als $90° - 52{,}52° = 37{,}48°$ befinden. Das ist die Differenz der Breite vom Beobachtungsstandort zu 90°. Der Zirkumpolarkreis ist auf der Grundscheibe unserer Sternkarte bei einer Deklination von $37{,}48°$ einzuzeichnen.

Der Himmelsäquator ist die über die Erde hinausreichende Ebene, in welcher der Erdäquator liegt. In geozentrisch äquatorialen Koordinaten ist der Himmelsäquator die Linie auf unserer Karte, für die die Deklination verschwindet ($\delta = 0$).

3.4.1.2   Ekliptik

Wir erinnern uns noch einmal an die Definition der Ekliptik (siehe Abschn. 1.2.5). Sie ist die Bahn, welche die Sonne von der Erde aus gesehen beschreibt. Im

Tab. 3.7 Berechnung der Ekliptik

Tag	$\delta/°$	$\alpha/°$	Tag	$\delta/°$	$\alpha/°$
05.01.2016	$-22,645$	$285,778$	05.07.2016	$22,716$	$105,048$
20.01.2016	$-20,188$	$301,988$	20.07.2016	$20,257$	$120,264$
05.02.2016	$-16,018$	$318,531$	05.08.2016	$16,781$	$135,925$
20.02.2016	$-11,032$	$333,273$	20.08.2016	$12,215$	$150,04$
05.03.2016	$-5,789$	$346,476$	05.09.2016	$6,556$	$164,627$
20.03.2016	$0,109$	$359,749$	20.09.2016	$0,825$	$178,092$
05.04.2016	$6,331$	$14,83$	05.10.2016	$-4,994$	$191,63$
20.04.2016	$11,751$	$28,676$	20.10.2016	$-10,58$	$205,524$
05.05.2016	$16,447$	$42,92$	05.11.2016	$-15,881$	$221,015$
20.05.2016	$20,12$	$57,678$	20.11.2016	$-19,84$	$236,327$
05.06.2016	$22,618$	$73,954$	05.12.2016	$-22,448$	$252,376$
20.06.2016	$23,463$	$89,511$	20.12.2016	$-23,433$	$268,912$

Allgemeinen ist es nicht üblich, sich relativ zur Erde schnell bewegende Objekte, z. B. Planeten, in Sternkarten einzuzeichnen. Sie könnten nicht als Punkte wie die Fixsterne dargestellt werden, sondern sie wären je nach betrachtetem Zeitraum mehr oder weniger lange Linien. Die Karten wären sehr unübersichtlich. Eine Ausnahme wollen wir zulassen - unsere Sonne.

Gesucht wird also die Position der Sonne in geozentrisch äquatorialen Koordinaten zu über das Jahr verteilten Zeitpunkten. Es wurden der 5. und 20. Tag des Monats jeweils um 12 Uhr MEZ gewählt. Für diese Zeitpunkte sind die im Abschn. 2.10.2 zusammengefassten Rechenschritte bis zur Berechnung der geozentrisch äquatorialen Koordinaten abzuarbeiten. Tabelle 3.7 zeigt die errechneten Punkte (α, δ). Sie sind auf der Grundscheibe einzuzeichnen und, je nach Vorgehensweise, mit einer geeigneten Funktion zu verbinden.

3.4.1.3 Der zu einem bestimmten Zeitpunkt sichtbare Teil des Himmels

Zur Bestimmung der Auf- und Untergangszeiten einzelner kosmischer Objekte oder einfach zur Erhöhung der Übersichtlichkeit sind die zu einem gegebenen Zeitpunkt sichtbaren Sterne auf einer transparenten Deckscheibe von einer geschlossenen Kurve umgeben. In Abb. 3.11 ist die Begrenzung des Sichtbarkeitsbereiches eingezeichnet.

Nachfolgend soll die Berechnung dieses Bereiches an einem Beispiel erläutert werden:

- Weil der Beobachtungsort bereits festgelegt wurde, sind jetzt alle Parameter bekannt, die im Abschn. 2.10.2 bis zum Unterpunkt „Geozentrisch äquatoriale Koordinaten" benötigt bzw. in diesem Unterpunkt berechnet werden:
  - Die Rektaszension beträgt $\alpha = 0$, weil wir in unserem Beispiel den Sichtbarkeitsbereich zum Zeitpunkt des Frühlingsanfangs berechnen wollen.

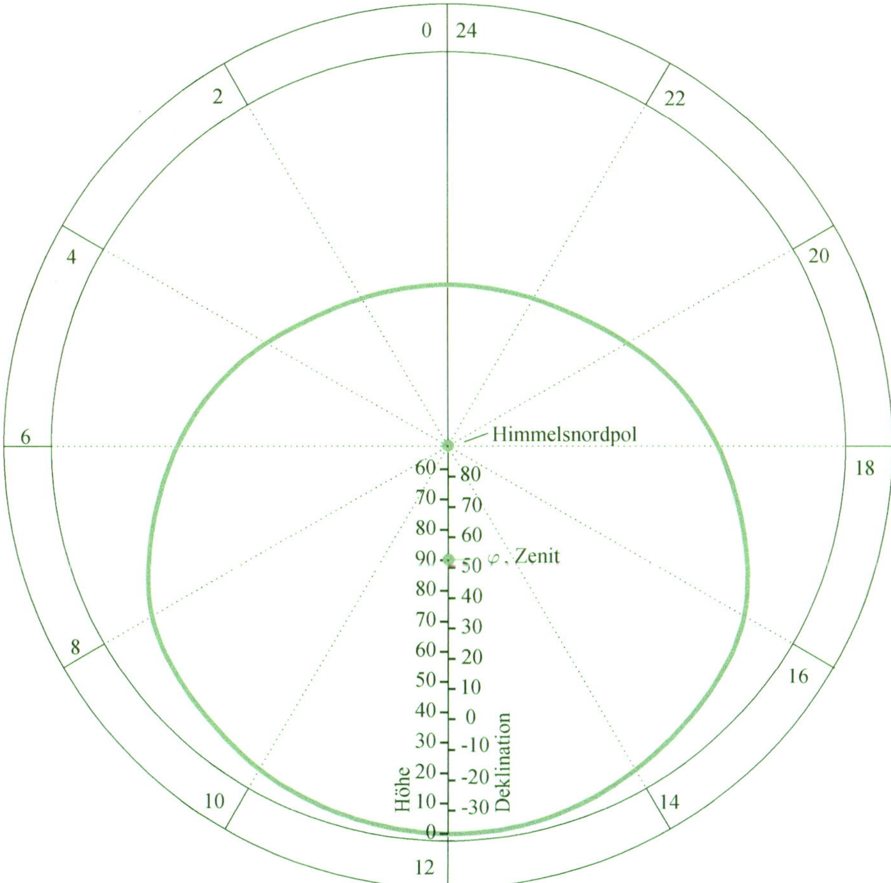

Abb. 3.11 Sternkarte - Drehscheibe mit Uhrzeit und Sichtbarkeitsbereich

- Die Deklination δ wird geschätzt mit dem Ziel, dass die zugehörige Höhe im Horizontsystem möglichst nahe bei Null liegt.
- Die geographische Breite φ des Beobachtungsortes beträgt $52,52°$ n. B.
- Die geographische Länge λ des Beobachtungsortes beträgt $13,41°$ ö. L.
- Die Beobachtungszeit wird willkürlich festgelegt, z. B. 20 Uhr UT

- In der Annahme, dass in einem gegebenen Deklinationsbereich $\delta_1...\delta_2$ für einen Wert die zugehörige Höhe im Horizontsystem annähernd oder gleich Null ist, $h \approx 0$:, werden zwei Deklinationswerte geschätzt:

$$\delta_1 = 25° \quad \text{und}$$

$$\delta_2 = 30°.$$

- Beginnend mit dem Unterpunkt „Geozentrisch äquatoriale Koordinaten" im genannten Abschnitt, werden die dort beschriebenen Rechenschritte abgearbeitet, um die zugehörigen Höhenwerte im horizontalen Bezugssystem zu erhalten:

$$h_1 = -2,005\,° \quad \text{und}$$

$$h_2 = 2,458\,°.$$

- Wir berechnen die Nullstelle δ_0 der Funktion $h(\delta) = m \times \delta + b$ mit

$$m = \frac{h_1 - h_2}{\delta_1 - \delta_2} = 0,8926 \quad \text{und}$$

$$b = -m \times \delta_1 + h_1 = -24,32\,° \quad \text{zu}$$

$$\delta_0 = 27,24624692\,°.$$

- Abschließend wiederholen wir zur Kontrolle nochmals alle notwendigen Rechenschritte, um die Höhe im Horizontsystem zu erhalten. Es bestätigt sich, die Höhe h_0 an der berechneten Nullstelle δ_0 beträgt: $h_0(\delta_0 = 27,24624692\,°) = 0$.

Führen wir diese Rechnung für verschiedene Uhrzeiten durch, z. B. im Abstand von einer Stunde, so erhalten wir die in Tab. 3.8 aufgelisteten Werte.

Da wir auf unserer selbstgebauten Sternkarte die Zeit unserer Zeitzone benutzen wollen, wird die Zeit als *MEZ* angegeben. Abbildung 3.11 zeigt den eingezeichneten Sichtbarkeitsbereich auf der Deckscheibe. Zusätzlich sind noch zwei Skalen angebracht, welche die Höhe und die Deklination anzeigen. Die Höhenmessung beginnt beim Horizont und hat ihren Maximalwert im Zenit. Dort hat die Deklination den

Tab. 3.8 Berechnung des Sichtbarkeitsbereiches

Zeit/*MEZ*	Deklination $\delta/\,°$	Zeit/*MEZ*	Deklination $\delta/\,°$
2	34,5	14	−34,4
3	29,9	15	−29,7
4	22,9	16	−22,7
5	13,7	17	−13,3
6	2,6	18	−2,2
7	−8,8	19	9,1
8	−19,0	20	19,2
9	−27,0	21	27,2
10	−32,7	22	32,8
11	−36,1	23	36,1
12	−37,5	24	37,4
13	−36,9	25	36,8

Zahlenwert der geographischen Breite. Der Maximalwert der Deklination ist am Himmelsnordpol. Die Deklination hat im Zenit den Wert der geographischen Breite des Beobachtungsortes.

Jetzt können wir gedanklich die Deckscheibe auf die Grundscheibe legen. Die gemeinsame Drehachse geht jeweils durch den Himmelsnordpol nahe dem Polarstern. Dabei belassen wir sie in der Position, wie sie in den Abb. 3.10 und 3.11 dargestellt ist. Das hat zur Folge, dass die Markierungen 0 bzw. 24 der Deckscheibe genau auf den Frühlingsanfang der Grundscheibe in der zweiten Märzhälfte zeigen.

Wenn wir nun den Sichtbarkeitsbereich für einen anderen Beobachtungszeitpunkt ermitteln wollen, so können wir die Berechnung für diesen Zeitpunkt wiederholen. Das wäre aber sehr zeitaufwendig und unsere Sternkarte wäre nicht praxistauglich. Wir vereinfachen und führen eine Koordinatentransformation durch, indem wir die Deckscheibe drehen. Die gewünschte Zeit, eingezeichnet auf der Deckscheibe, zeigt auf den gewünschten Tag auf der Grundscheibe.

3.4.2 Einzeichnen von Beobachtungen in die Grundscheibe der Sternkarte

Wir haben die Höhe und den Azimut eines kosmischen Objektes gemessen und wollen dieses in die Grundscheibe einer Sternkarte einzeichnen. Dazu benötigen wir seinen Rektaszensions- und Deklinationswert. Damit haben wir jetzt die umgekehrte Situation zum Sachverhalt, der im Abschn. 2.7.2.2 beschrieben wird. Dort wurden aus der Rektaszension und der Deklination im geozentrisch äquatorialen Bezugssystem die Höhe und der Azimut im Horizontsystem berechnet.

Zur Umkehrrechnung wollen wir das nautische Dreieck benutzen. Bekannt sind die Beobachtungszeit, die geographische Breite φ sowie die Messwerte der Höhe h und des Azimutwinkels A. Gesucht sind der Stundenwinkel t, der die eigentlich zu ermittelnde Rektaszension α enthält, und die Deklination δ. Hierzu betrachten wir die Abb. 2.15. Es sind die Seiten $(90° - \varphi)$, $(90° - h)$ und der Winkel $(180° - A)$ bekannt. Jetzt vergleichen wir mit Abb. A.2 und stellen fest, dass die bekannten Kenngrößen den Werten c, a und β entsprechen. Unter Verwendung der Gl. (A.5) erhalten wir:

$$\cos(90° - \delta) = \cos(90° - h)\cos(90° - \varphi)$$
$$+ \sin(90° - h)\sin(90° - \varphi)\cos(180° - A).$$

Eine leichte Umformung ergibt

$$\sin(\delta) = \sin(h)\sin(\varphi) - \cos(h)\cos(\varphi)\cos(A) \qquad \text{bzw.}$$
$$\delta = \arcsin(\sin(h)\sin(\varphi) - \cos(h)\cos(\varphi)\cos(A)). \qquad (3.7)$$

Jetzt müssen wir nur noch den Stundenwinkel und damit die Rektaszension ermitteln. Wir betrachten nochmals die genannten Abbildungen und verwenden den Sinussatz Gl. (A.3):

$$\frac{\sin(t)}{\sin(90°-h)} = \frac{\sin(180°-A)}{\sin(90°-\delta)}$$

Unbekannt ist nur noch der Stundenwinkel t, nach dem jetzt aufgelöst wird:

$$\sin(t) = \frac{\sin(180°-A)\,\sin(90°-h)}{\sin(90°-\delta)} = \frac{\sin(A)\,\cos(h)}{\cos(\delta)} \quad \text{bzw.}$$

$$t = \arcsin\left(\frac{\sin(A)\,\cos(h)}{\cos(\delta)}\right). \tag{3.8}$$

Zur Fortsetzung der Rechnung benötigen wir noch die lokale Sternzeit θ_{ort} zum Zeitpunkt der Beobachtung. Ihre Berechnung ist im Abschn. 2.6.2 ausführlich beschrieben. Als letztes ist noch nach Gl. (2.77) die Rektaszension zu berechnen:

$$\alpha = \theta_{ort} - t. \tag{3.9}$$

Jetzt haben wir die Koordinaten $(\alpha,\ \delta)$ im geozentrisch äquatorialen System und können unser beobachtetes kosmisches Objekt in die Sternkarte einzeichnen.

Ein Beispiel soll die Transformationsrechnung und eine Eigenschaft der Bestimmung der Deklination verdeutlichen. Die geografische Breite betrage $52,615°$ und der Beobachtungszeitpunkt sei der 14.10.2015, 12 Uhr MESZ. Daraus wird die Sternzeit am Beobachtungsort zum Beobachtungszeitpunkt zu $\theta = 3,2435878\ rad$ errechnet.

Das Beobachtungsobjekt liege genau im Norden und soll betragsmäßig die Höhe der geografischen Breite haben. Wir verwenden $A = 180°$ und die etwas verkleinerte Höhe von $h = 52,6149°$. Daraus folgt direkt mit Gl. (3.7) $\delta = 1,5707946 = 89,9999°$. Verwenden wir die „richtige" Höhe $h = 52,615°$, so erhalten wir $\delta = 1,5707963 = 90,0000°$. Im nächsten Schritt werden unter Verwendung der „zu kleinen" Höhe der Stundenwinkel (Gl. (3.8)) und die Rektaszension (Gl. (3.9)) zu $t = 0$ und $\alpha = 3,2435878 = 185,8439°$ berechnet. Benutzen wir jedoch die „richtige" Höhe, so erhalten wir für den Stundenwinkel und nachfolgend für die Rektaszension keine physikalisch sinnvollen Ergebnisse.

Die Ursache dafür ist leicht zu finden. Wir schauen auf Abb. 2.15. Bei unserer zweiten Rechnung hat der Planet genau die Position des Himmelsnordpols und der Winkel t lässt sich nicht mehr sinnvoll bestimmen. Mathematisch haben wir die Situation, dass der Wert innerhalb der Klammer von Gl. (3.8) größer ist als 1, der Arkussinus sich mit realen Zahlen nicht mehr berechnen lässt.

3.5 Finsternisse

Mit folgenden Beispielen wollen wir dem interessierten Leser das Entstehen von Finsternissen erklären. Zum anderen soll gezeigt werden, dass auch mit der Ephemeridenrechnung ausgeführt als Zweikörperproblem, und einer nicht allzu genauen Bestimmung der Mondposition, es möglich ist, mehr oder weniger gut eine zeitnahe Sonnen- und auch Mondfinsternis zu beschreiben. Dabei gelangen wir bei der Berechnung der Sonnenfinsternis mit dem in den Kap. 1 und 2 gegebenen Formalismus an die Grenzen unseres Vorhabens „Sonnenaufgang und Co. bestimmen leicht gemacht" (siehe Abschn. 2.9). Wir können lediglich begründet vermuten, dass in den Vormittagsstunden des 20.3.2015 eine Sonnenfinsternis stattfand.

Eine Mondfinsternis liegt vor, wenn sich die Erde zwischen Sonne und Mond befindet. Der Mond kann sich dabei vollständig im Schatten der Erde befinden. Ist das der Fall, so liegt eine totale Mondfinsternis vor. Wird der Mond nur teilweise vom Erdschatten bedeckt, so wird dies als partielle Mondfinsternis bezeichnet. Eine schematische Darstellung zeigt Abb. 3.12, Graph(a).

Befindet sich jedoch der Mond zwischen Erde und Sonne, wird in Abhängigkeit von der Position des Mondes und dem Standpunkt des Beobachters auf der Erde eine Teilfläche der Sonne vom Mond verdeckt. Dementsprechend wird auch bei dieser Konstellation zwischen einer totalen und einer partiellen Sonnenfinsternis unterschieden. Graph(b) in der genannten Abbildung zeigt eine schematische Anordnung.

3.5.1 Mondfinsternis

Der Beobachtungsort hat die bereits schon einmal im Vorwort genannten Koordinaten von $13{:}12{,}5\,°$ östlicher Länge und $52{:}36{,}9\,°$ nördlicher Breite.

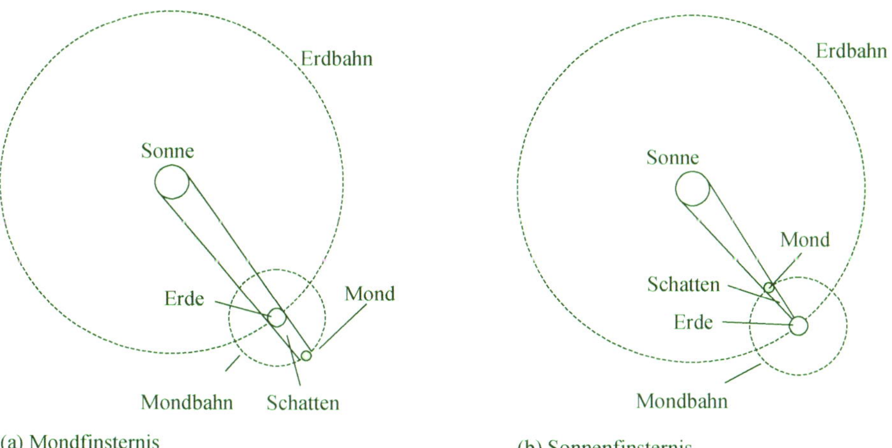

(a) Mondfinsternis   (b) Sonnenfinsternis

Abb. 3.12 Schematische Darstellung einer Mond- und einer Sonnenfinsternis

Tab. 3.9 Azimut und Höhe von Mond und Sonne am 28.9.2015

UT/h	$A_{Mond}/^o$	$h_{Mond}/^o$	$A_{Sonne}/^o$	$h_{Sonne}/^o$
1	38,08	32,287	38,08	−29,833
2	53,106	26,206	53,106	−22,473
2,78	63,74	20,493	63,74	−15,924
3	66,536	18,806	66,536	−14,032
4	78,831	10,613	78,831	−5,035
5	89,467	2,059	89,467	4,082
6	102,182	−6,48	102,182	12,91
7	114,3	−14,63	114,3	21,004
8	127,386	−21,978	127,386	27,835
9	141,844	−28,037	141,844	32,779
10	157,807	−32,257	157,807	35,221

3.5.1.1   Die Bahnen des Mondes und der Sonne

Wie im Abschn. 2.4.3 beschrieben, wurden die Koordinaten des Mondes im geozentrisch ekliptikalen System für die frühen Morgenstunden des 28.9.2015 berechnet. Danach wurden diese über mehrere Schritte in die Koordinaten des Horizontsystems umgeformt.

Die Vorgehensweise ist im Abschn. 2.10.2 ab Unterpunkt „Geozentrisch äquatoriale Koordinaten" beschrieben. Tabelle 3.9 enthält die Ergebnisse. Zur Zeit 2,87 Uhr UT befindet sich der Mond im Zentrum des Erdschattens. Deshalb wurde dieser Zeitpunkt zusätzlich zur stundenweisen Darstellung bei den Rechnungen mit berücksichtigt. Der Mond steht um Mitternacht und in den Stunden danach hoch am östlichen Himmel. Die Sonne befindet sich am westlichen Himmel tief unter dem Horizont, praktisch genau auf der gegenüberliegenden Seite der Erde. Die Abb. 3.13 zeigt die Höhe und den Azimut von Sonne und Mond. Zusätzlich ist im Graph(b) die

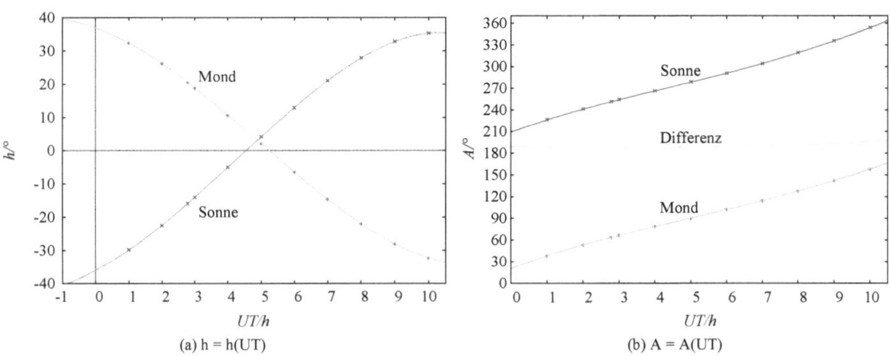

Abb. 3.13 Die Höhe und der Azimutwinkel von Sonne und Mond in Abhängigkeit von der Zeit am 28.9.2015 frühmorgens

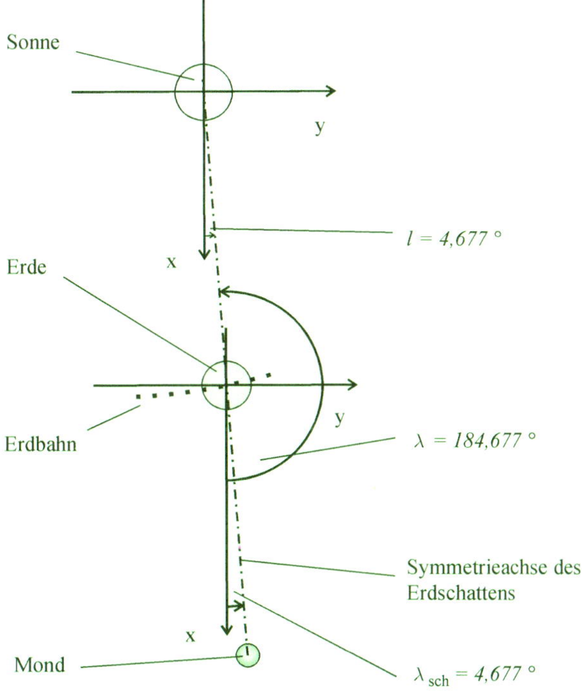

Abb. 3.14 Berechnung der „Richtung" des Erdschattens in geozentrisch äquatorialen Koordinaten um 2,78 Uhr UT

Differenz der beiden Azimutwerte eingezeichnet, die über den ganzen betrachteten Zeitraum etwa $180°$ beträgt.

3.5.1.2 Bestimmung des Ortes des Kernschattens

Als Nächstes müssen wir die Lage der Symmetrieachse des Erdschattens bestimmen. Abbildung 3.14 verdeutlicht die beschriebene Vorgehensweise:

1. Berechnung der Position der Sonne im geozentrisch äquatorialen System.
   - Berechnung der Position der Erde im heliozentrisch ekliptikalen System (Abschn. 2.10.2 von Beginn an bis zum Unterpunkt „Breite") mit dem Ergebnis:

   $$l = 4,677° \quad \text{und} \quad b = 0.$$

   - Transformation zum Berechnen der Sonnenkoordinaten im geozentrisch ekliptikalen System:

   $$\lambda = 180° + 4,667° = 184,667° \quad \text{und} \quad \beta = 0.$$

2. Berechnung der Länge und der Breite der Symmetrieachse des Erdschattens:

   $$\lambda_{sch} = 184,667° + 180° - 360° = 4,667° \quad \text{und} \quad \beta_{sch} = 0.$$

Die Subtraktion von $360\,^\circ$ wird nur durchgeführt, damit die Länge des Schattens kleiner als $360\,^\circ$ ist. Damit sind, abgesehen von der Entfernung, die Koordinaten der Symmetrieachse des Erdschattens, d. h. die Länge λ_{sch} und die Breite β_{sch}, in geozentrisch ekliptikalen Koordinaten bekannt.

3. Berechnung der Transformationen von geozentrisch ekliptikalen Koordinaten bis zu Koordinaten des Horizontsystems (Abschn. 2.10.2 ab Unterpunkt „Geozentrisch äquatoriale Koordinaten" bis Unterpunkt „Azimut" mit dem Ergebnis $A = 63,974\,^\circ$ und $h = 20,723\,^\circ$).

3.5.1.3 Die Bahn des Mondes im Kernschatten

Das Anliegen dieses Abschnitts besteht darin, die Höhen des Mondes und des Erdschattens in Abhängigkeit von der Zeit und vom Azimutwinkel darzustellen. Weiterhin wollen wir versuchen, uns die Längenverhältnisse des Systems Sonne-Erde-Mond zur Zeit der Mondfinsternis zu verdeutlichen.

Zur Darstellung der Mondbahn bzw. der Verdunklungszone ist es notwendig, neben dem Monddurchmesser und dem zugehörigen Winkel die Höhendifferenz der Schattenoberkante und -unterkante zu kennen. Die Abb. 3.15 zeigt noch einmal detailliert die Positionen von Sonne, Erde und Mond, während der Erdschatten den Mond bedeckt. Zur besseren Übersichtlichkeit wird in Abb. 3.16 nochmals ein Ausschnitt der erstgenannten Abbildung gezeigt. Dabei interessieren uns vor allem der Durchmesser des Erdschattens d_{sch} im Abstand des Mondes s_{em} bzw. der zugehörige Winkel w_{sch} und neben dem bekannten Monddurchmesser d_m der zugehörige Öffnungswinkel w_m.

Weiterhin sind in den beiden letztgenannten Abbildungen noch folgende Größen eingezeichnet: d_s ... Durchmesser der Sonne, d_e ... Durchmesser der Erde, s_{es} ... Entfernung der Erde von der Sonne und s_{mf} ... die Strecke zwischen dem Mond und der Spitze des Schattenkegels F. Zusätzlich zu den Tab. 2.7 entnommenen Größen

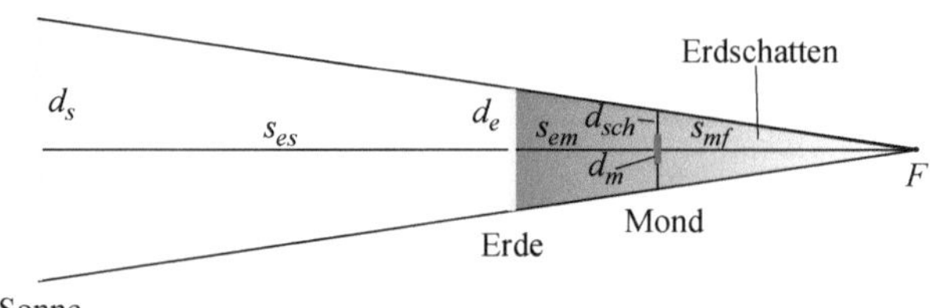

Abb. 3.15 Anordnung Sonne-Erde-Mond während der Mondfinsternis

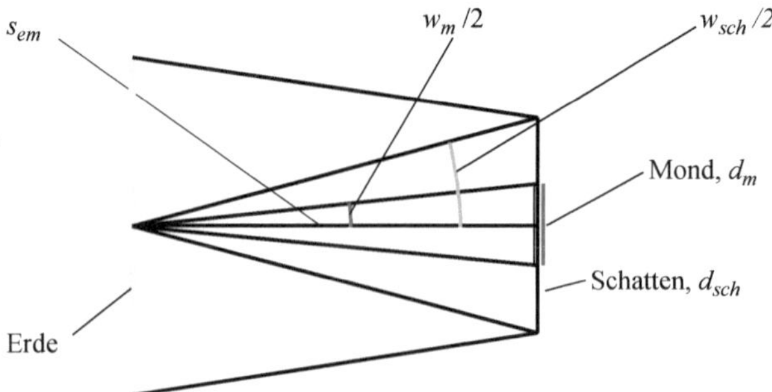

Abb. 3.16 Ausschnitt von Abb. 3.15 zur Berechnung des Öffnungswinkels des Mondes und des Erdschattens an dieser Stelle

$d_m = 3476\,km$, $d_e = 12756\,km$ und $d_s = 695800\,km$ werden noch die Abstände Erde-Sonne und Erde-Mond zum Zeitpunkt der Mondfinsternis benötigt. Den Abstand $s_{es} = 149897196\,km$ erhalten wir, indem wir die in Abschn. 2.10.2 aufgelisteten Rechenschritte bis zum Punkt „Abstand Planet-Sonne" abarbeiten. Die Berechnung des jeweils aktuellen Abstandes des Mondes von der Erde $s_{em} = 356981\,km$ ist im Abschn. 2.4.3 beschrieben.

Zur Berechnung des Schattendurchmessers wird der Abstand der Kegelspitze von der Sonne benötigt. Dazu ist noch die Strecke zwischen dem Mond und der Kegelspitze zu berechnen: Aus

$$\frac{s_{mf} + s_{em}}{d_e} = \frac{s_{es} + s_{em} + s_{mf}}{d_s} \quad \text{folgt}$$

$$s_{mf} = -\frac{d_e\,s_{em} + d_e\,s_{es} - d_s\,s_{em}}{d_e - d_s} = 2,44238 \times 10^6\,km.$$

Damit berechnet sich die Entfernung F_{summe} von der Kegelspitze zur Sonne:

$$F_{summe} = s_{mf} + s_{em} + s_{es} = 1,527 \times 10^8\,km.$$

Zur Bestimmung des Winkels w_{sch} ist der Durchmesser des Schattens d_{sch} notwendig. Aus dem Strahlensatz folgt sofort:

$$d_{sch} = \frac{d_s \times s_{mf}}{F_{summe}} = 11129\,km$$

So erhalten wir gemäß Abb. 3.16 den Durchmesser des Schattens von der Erde aus gesehen im Abstand des Mondes von der Erde:

$$w_{sch} = 2\arctan\left(\frac{\frac{d_{sch}}{2}}{s_{em}}\right) = 0,03117\,rad = 1,79\,°.$$

Als Nächstes wird der Winkel w_m, der dem Monddurchmesser von der Erde aus gesehen entspricht, berechnet. Alle Größen sind bekannt, und wir können schreiben:

$$w_m = 2\arctan\left(\frac{\frac{d_m}{2}}{s_{em}}\right) = 4,86857 \times 10^{-3}\,rad = 0,28\,°.$$

Die Abb. 3.17 zeigt die Höhe der Mondbahn und des Schattens am 28.9.2015 frühmorgens in Abhängigkeit vom Azimut und von der Zeit.[4]

---

[4]Wenn wir noch genauer sein wollten, müssten wir die Strecke Schattenoberkante bis -unterkante senkrecht auf der Bahnkurve des Mondes einzeichnen. Wir nehmen diesen geringen Fehler in Kauf, so dass die Breite des „Schattenkorridors" in Abb. 3.17 und auch weiter unten in Abb. 3.20 ein wenig zu klein ist.

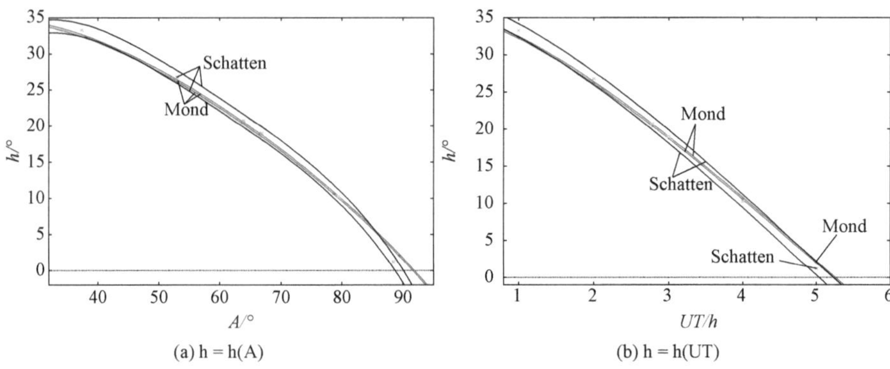

(a) h = h(A)   (b) h = h(UT)

Abb. 3.17 Die Höhe der Mondbahn und des Schattens während der Mondfinsternis

Um sich eine bessere Vorstellung von den Entfernungen im System Sonne-Erde-Mond machen zu können, wird in Tab. 3.10 der Sonne ein Durchmesser von 20 cm zugeordnet und die anderen Maße werden entsprechend umgerechnet. Es fällt auf, dass der Durchmesser des Erdschattens etwa drei mal größer als der Monddurchmesser ist. Das erklärt, dass wir mit unserer Betrachtung des Planetensystems als Zweikörpersystem bei der Beschreibung der Mondfinsternis zu vernünftigen Resultaten kamen, während die nachfolgende Beschreibung der Sonnenfinsternis, wie einleitend bereits bemerkt, nur annähernd gelungen ist. Die Fotos in Abb. 3.18 zeigen die Finsternis zu verschiedenen Zeitpunkten.

3.5.2 Sonnenfinsternis

Der Anteil der Sonnenfläche, der durch den Mond bedeckt ist, hängt neben der Uhrzeit auch von der Beobachtungsposition ab. Die Position betrug 52:20:43° nördlicher Breite und 13:38:06° östlicher Länge. Abbildung 3.19 zeigt ein Foto von der partiellen Sonnenfinsternis. Es entstand am 20.3.2015 um 9:57 Uhr UT.

Tab. 3.10 Entfernungsangaben des Systems Sonne-Erde-Mond, wenn der Sonne ein Durchmesser von 20 cm zugeordnet wird

Monddurchmesser	0, 1 cm
Durchmesser des Mondschattens im Abstand des Mondes	0, 3 cm
Abstand Erde-Mond	10, 4 cm
Erddurchmesser	0, 4 cm
Abstand Erde-Sonne	4300, 1 cm
Sonnendurchmesser	20, 0 cm
Abstand Sonne-Spitze des Schattenkegels	4380, 4 cm

(a) 1:25:19 Uhr UT   (b) 2:12:52 Uhr UT   (c) 4:09:12 Uhr UT

Abb. 3.18 Die Bedeckung des Mondes durch den Schatten der Erde zu verschiedenen Zeitpunkten am 28.9.2015

Abb. 3.19 Die Bedeckung der Sonne durch den Mond

Wir erkennen, dass zum Zeitpunkt der Aufnahme die Azimutwinkel von Sonne und Mond annähernd übereinstimmen. Führen wir die Bahnberechnung für die Sonne und den Mond durch, so ergeben sich jedoch die Azimutwerte von $334,9°$ für den Mond und $335,4°$ für die Sonne. Zur besseren Bewertung vergegenwärtigen wir uns, dass uns zum gegebenen Zeitpunkt die Sonne und der Mond unter Öffnungswinkeln von etwa $0,54°$ bzw. $0,57°$ erscheinen. Nutzen wir diese Öffnungswinkel, wie sie auch in Abb. 3.20 zur Berechnung der „Bahnkorridore" verwendet wurden, so müssten sich der Mond und die Sonne nach unserer Rechnung in den Höhenbereichen $35,4° \leq h \leq 36,0°$ bzw. $34,6° \leq h \leq 35,1°$ befinden. Das ist jedoch nicht der Fall.

3.6 Analemma

Als letztes Beispiel in diesem Kapitel wollen wir die Positionen der Sonne im Verlauf eines Jahres ermitteln, wenn die zugehörigen Messungen, Höhe und Azimut, immer zur selben Uhrzeit, also bei konstanter mittlerer Ortszeit, vorgenommen werden. Auf diese Weise vertiefen wir unsere Kenntnisse über die Zeitmessung und über die Bahn, welche die Erde bei ihrer Bewegung um die Sonne beschreibt. Zum

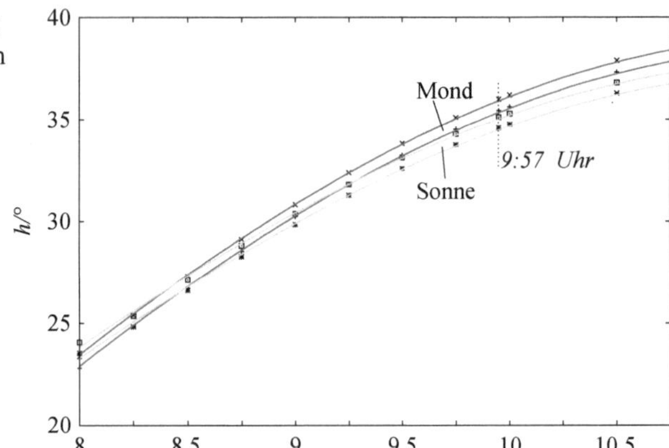

Abb. 3.20 Die Überdeckung von Sonne und Mondbahn am Vormittag des 20.3.2015

Berechnen der Sonnenkoordinaten im Horizontsystem müssen alle Rechenschritte des Abschn. 2.10.2 durchgeführt werden.

Als erstes stellen wir uns dazu vor, dass die Erdachse nicht geneigt sei. Sie soll in unserem Gedankenexperiment senkrecht auf der Ebene der Ekliptik stehen. Weiterhin soll sich die Erde gleichförmig auf einer Kreisbahn um die Sonne bewegen. Würden wir in dieser Situation täglich um dieselbe Uhrzeit die Koordinaten der Sonne erfassen, so wäre die Sonne immer an derselben Stelle des Himmels zu sehen. Wegen der konstanten Bahngeschwindigkeit wäre der Azimutwinkel konstant. Durch die senkrechte Stellung der Erdachse hätten wir keine Jahreszeiten. Auch die Höhe wäre konstant.

In einem nächsten Schritt soll die Erdachse, wie in der Realität, geneigt zur Ebene der Ekliptik stehen. Jetzt hätten wir auf der Erde Jahreszeiten und die Höhe der Sonne würde sich im Verlaufe eines Jahres ändern. Wie auch in der Realität wäre der Sonnenstand im Sommer höher als im Winter. Da sich in unserem Experiment die Erde gleichförmig um die Sonne bewegt, wäre der Azimutwinkel konstant.

Im letzten Schritt unserer Betrachtung soll sich die Erde, wie in der Realität auch, auf einer elliptischen Bahn um die Sonne bewegen. Im erdnächsten Punkt ist die Bahngeschwindigkeit am größten. Mit zunehmender Entfernung von der Sonne verringert sich die Bahngeschwindigkeit bis sie dann, nach dem Durchlaufen des sonnenfernsten Punktes ihrer Bahn, wieder an Geschwindigkeit zunimmt. Nach der Passage des sonnennächsten Punktes beginnt der Kreislauf erneut. Nun haben wir die Situation, dass, zusätzlich zur Höhenänderung aufgrund der Schrägstellung der Erdachse, sich auch der Azimutwinkel in Abhängigkeit von der Position der Erde auf ihrer Umlaufbahn ändert.

Es wurde der Sonnenstand im Abstand von jeweils einer Woche für die Zeit 12 Uhr MEZ berechnet. Der Standort des Beobachters ist die bereits im Vorwort genannte Position. Die Ergebnisse finden sich in Tab. 3.11. Die Abb. 3.21 zeigt im Graphen(a) die Höhe des Sonnenstandes über dem Azimut. Diese Darstellung bzw.

Tab. 3.11 Azimut und Höhe der Sonne im Jahr 2016 zur Berechnung des Analemmas

Datum	$A/°$	$h/°$	Datum	$A/°$	$h/°$
01.01.2016	357,509	14,325	08.07.2016	354,339	59,684
08.01.2016	356,73	15,045	15.07.2016	354,072	58,692
15.01.2016	356,021	16,119	22.07.2016	354,033	57,41
22.01.2016	355,408	17,526	29.07.2016	354,225	55,862
29.01.2016	354,914	19,235	05.08.2016	354,63	54,072
05.02.2016	354,553	21,215	12.08.2016	355,215	52,067
12.02.2016	354,337	23,428	19.08.2016	355,941	49,873
19.02.2016	354,266	25,836	26.08.2016	356,763	47,517
26.02.2016	354,338	28,398	02.09.2016	357,639	45,027
04.03.2016	354,542	31,074	09.09.2016	358,526	42,431
11.03.2016	354,866	33,824	16.09.2016	359,386	39,76
18.03.2016	355,288	36,609	23.09.2016	360,186	37,045
25.03.2016	355,785	39,392	30.09.2016	360,896	34,318
01.04.2016	356,326	42,136	07.10.2016	361,491	31,615
08.04.2016	356,88	44,806	14.10.2016	361,952	28,971
15.04.2016	357,409	47,37	21.10.2016	362,261	26,424
22.04.2016	357,874	49,795	28.10.2016	362,411	24,014
29.04.2016	358,236	52,05	04.11.2016	362,394	21,778
06.05.2016	358,458	54,104	11.11.2016	362,213	19,756
13.05.2016	358,507	55,929	18.11.2016	361,874	17,985
20.05.2016	358,364	57,497	25.11.2016	361,39	16,5
27.05.2016	358,027	58,781	02.12.2016	360,781	15,332
03.06.2016	357,513	59,761	09.12.2016	360,071	14,507
10.06.2016	356,865	60,417	16.12.2016	359,291	14,042
17.06.2016	356,147	60,739	23.12.2016	358,473	13,951
24.06.2016	355,436	60,72	30.12.2016	357,653	14,236
01.07.2016	354,81	60,365			

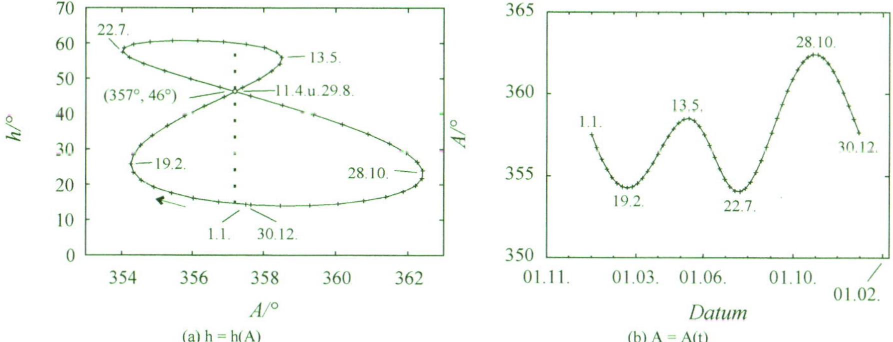

Abb. 3.21 Das Analemma, Graph(a), und der Azimut im Verlaufe des Jahres, Graph(b)

der Sachverhalt, dass die Sonne bei immer gleicher Beobachtungszeit im Verlaufe eines Jahres annähernd eine „8" am Himmel beschreibt, heißt Analemma.[5] Graph(b) zeigt die Änderung des Azimuts im Verlaufe eines Jahres.

Literatur

[1] Erich Karkoschka. Atlas für Himmelsbeobachter. Franckh-Kosmos Verlags-GmbH & Co., Stuttgart (2013)

[2] Die Tierkreiszeichen, ohne Angabe der Autoren in https://de.wikipedia.org/wiki/Tierkreis-zeichen, letzter Zugriff am 22.5.2017

---

[5]Das Wort kommt aus der griechischen Sprache und heißt auf deutsch „Sockel einer Sonnenuhr".

Anhang A

Es werden in den folgenden Abschnitten die wichtigsten mathematischen Grundlagen zum leichteren Verständnis der Rechnungen in den vorangegangenen Kapiteln vorgestellt.

A.1 Newtonsche Näherungsverfahren

Das Newton-Verfahren, auch Newton-Raphson-Verfahren, benannt nach Sir Isaac Newton[1] und Joseph Raphson,[2] dient in der Mathematik zum Finden von Nullstellen von Gleichungen. Es wird hier nur in dem Maße beschrieben, wie es zum Verständnis der Lösung der Kepler-Gleichung notwendig ist.

Zur Erläuterung dient Abb. A.1. Als erstes ist die Nullstelle der Funktion $f(x)$ so gut wie möglich abzuschätzen, z. B. $x_{start} = 4$. Danach wird der Tangentenanstieg, also die erste Ableitung, der Funktion an diesem x-Wert ermittelt:

$$f'(x) = \frac{f(x_{start}) - 0}{x_{start} - x_1}.$$
(A.1)

Diese Tangente hat die Nullstelle x_1:

$$x_1 = x_{start} - \frac{f(x_{start})}{f'(x_{start})}.$$
(A.2)

Dieser Wert x_1 dient im nächsten Schritt als Startwert x_{start}. Die Prozedur wird solange wiederholt, bis die Differenz der gerade ermittelten Nullstelle zum vorhergehenden Nullstellenwert einen gewissen, vorzugebenden Wert nicht mehr überschreitet.

---

[1] Sir Isaac Newton, 4. Januar 1643 bis 31. März 1727; englischer Naturforscher und Verwaltungsbeamter.

[2] Joseph Raphson 1648 bis 1715; englischer Mathematiker.

© Springer-Verlag GmbH Deutschland 2017
D. Richter, *Ephemeridenrechnung Schritt für Schritt*,
https://doi.org/10.1007/978-3-662-54716-8

Abb. A.1 Newtonsche
Näherungsverfahren

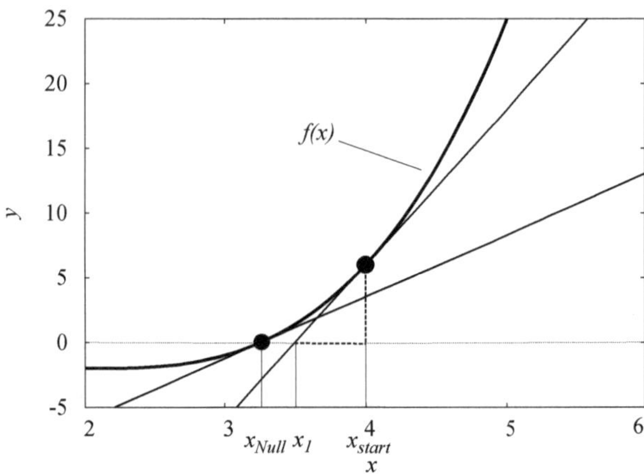

A.2 Sinussatz und Kosinussatz der sphärischen Geometrie

Es wird ein allgemeines Dreieck betrachtet, das auf eine Kugeloberfläche gezeichnet ist ([1], S. 164). Dieses wird von drei Seiten, hier a, b und c genannt, begrenzt, die wiederum die drei Winkel α, β und γ einschließen (Abb. A.2). An dieser Stelle werden nur diejenigen Beziehungen zwischen den einzelnen geometrischen Größen genannt, die für das Verständnis der Herleitung im Abschn. 2.7.2.2 notwendig sind.

Der Sinussatz zeigt den Zusammenhang zwischen den einzelnen Winkeln und den jeweils gegenüberliegenden Seiten:

$$\frac{\sin(a)}{\sin(\alpha)} = \frac{\sin(b)}{\sin(\beta)} = \frac{\sin(c)}{\sin(\gamma)}. \tag{A.3}$$

Mit dem Kosinussatz werden die Länge einer Seite unter Verwendung des ihr gegenüber liegenden Winkels und den beiden anderen Seitenlängen (Seiten-Kosinussatz) oder ein Winkel unter Verwendung der ihm gegenüberliegenden Seite und der

Abb. A.2 Kosinussatz und
Sinussatz

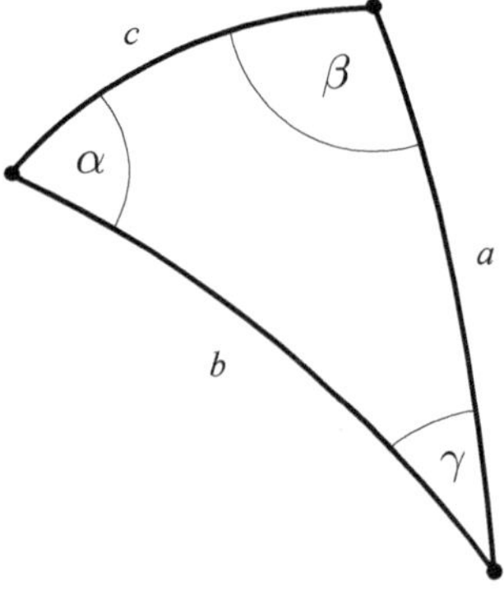

anderen beiden Winkel (Winkel-Kosinussatz) berechnet. Wir verwenden zwei Formen des Seiten-Kosinussatzes:

$$\cos(a) = \cos(b)\cos(c) + \sin(b)\sin(c)\cos(\alpha) \quad \text{und} \tag{A.4}$$

$$\cos(b) = \cos(a)\cos(c) + \sin(a)\sin(c)\cos(\beta). \tag{A.5}$$

Ergänzend soll noch bemerkt werden, dass die Längen der Seiten a, b und c auch im Winkelmaß vorliegen müssen.

A.3 Quadratische Interpolation

A.3.1 Die Interpolationsgleichung

Bekannt sind die Stützstellen, (x_1, y_1), (x_2, y_2) und (x_3, y_3), einer ganzen rationalen Funktion zweiter Ordnung,

$$y = f(x) = a_2\,x^2 + a_1\,x + a_0, \tag{A.6}$$

die eine auszuwertende Situation beschreibt. Das Anliegen besteht darin, diese Funktion zu ermitteln, so dass damit nicht gemessene oder nicht explizit berechnete Zwischenwerte bestimmt werden können. Dabei ist die Genauigkeit größer als bei der als bekannt vorauszusetzenden Methode der linearen Interpolation. Doch muss an dieser Stelle bemerkt werden, dass auch die Ergebnisse der quadratischen Interpolation lediglich Schätzwerte darstellen, die keine höhere Messpunktdichte oder genauere analytische Auswertung eines Sachverhaltes vollständig ersetzen können.

Wir benutzen die drei oben genannten Wertepaare zum Aufstellen eines Gleichungssystems:

$$y_1 = a_2\,x_1^2 + a_1\,x_1 + a_0,$$

$$y_2 = a_2\,x_2^2 + a_1\,x_2 + a_0 \quad \text{und}$$

$$y_1 = a_2\,x_3^2 + a_1\,x_3 + a_0.$$

Dieses ist nach den Koeffizienten a_1, a_2 und a_3 aufzulösen. Wir erhalten nach einfacher Rechnung

$$a_1 = \frac{x_1^2\,y_2 - x_2^2\,y_1 - x_1^2\,y_3 + x_3^2\,y_1 + x_2^2\,y_3 - x_3^2\,y_2}{x_1^2\,x_3 - x_1^2\,x_2 + x_1\,x_2^2 - x_1\,x_3^2 - x_2^2\,x_3 + x_2\,x_3^2},$$

$$a_2 = \frac{y_1 - y_2 - a_1\,x_1 + a_1\,x_2}{x_1^2 - x_2^2} \quad \text{und}$$

$$a_0 = y_1 - a_1\,x_1 - a_2\,x_1^2.$$

Mit Hilfe der genannten Koeffizienten, eingesetzt in Gl. (A.6), können jetzt gesuchte Funktionswerte (zweckmäßigerweise im Bereich der Stützstellen) ermittelt werden.

A.3.2 Schnittstellen von Parabeln

Bei der Auswertung von Kurven kann es zu der Situation kommen, dass der Schnittpunkt zweier Parabeln interessiert. Wir gehen davon aus, dass, wie im vorherigen Abschnitt beschrieben, die beiden Funktionen

$$f(x) = a_2\, x^2 + a_1\, x + a_0 \quad \text{und}$$

$$g(x) = b_2\, x^2 + b_1\, x + b_0$$

bereits berechnet wurden. Gesucht wird ihr Schnittpunkt (x_s, y_s). Aus

$$a_2\, x_s^2 + a_1\, x_s + a_0 = b_2\, x_s^2 + b_1\, x_s + b_0$$

folgt durch Auflösen nach x_s:

$$x_{s,1} = \frac{b_1 - a_1}{2(a_2 - b_2)}\, \sqrt{D} \quad \text{und} \tag{A.7}$$

$$x_{s,2} = \frac{a_1 - b_1}{2(a_2 - b_2)}\, \sqrt{D} \quad \text{mit} \tag{A.8}$$

$$D = a_1^2 - 2\, a_1\, b_1 + b_1^2 - 4\, a_0\, a_2 + 4\, a_0 b_2 + 4\, a_2\, b_0 - 4\, b_0\, b_2.$$

Zur Ermittlung des Funktionswertes sind nur noch die Terme $f(x_{s,1})$ und $f(x_{s,2})$ oder eben auch $g(x_{s,1})$ und $g(x_{s,2})$ zu berechnen und aus der Zweifachlösung die physikalisch sinnvolle auszuwählen.

A.4 Zylinderkoordinaten

Zur Beschreibung von Rotationen ist es oft zweckmäßiger, Zylinderkoordinaten anstatt kartesischer Koordinaten zu verwenden. Betrachten wir nur die x-y-Ebene, so sind die Transformationsbeziehungen von kartesischen Koordinaten zu Zylinderkoordinaten gleich denen zu den Polarkoordinaten oder Kugelkoordinaten:

$$x = r \cos(\varphi) \tag{A.9}$$

$$y = r \sin(\varphi). \tag{A.10}$$

Abbildung A.3 zeigt einen Punkt P in kartesischen Koordinaten $P(x, y)$ und in den entsprechenden Zylinderkoordinaten in der x-y-Ebene $P(r, \varphi)$.

Als Nächstes wollen wir vorbereitend für die Betrachtungen in Zylinderkoordinaten ein Linienelement ds in kartesischen Koordinaten berechnen (Abb. A.4). Wir benutzen dazu die Wegelemente in x- bzw. y-Richtung, dx und dy, und erhalten:

$$ds^2 = dx^2 + dy^2. \qquad (A.11)$$

Wollen wir das unter Verwendung von Zylinderkoordinaten wiederholen, so müssen zuerst die entsprechenden Wegelemente berechnet werden:

$$dx = \frac{\partial x}{\partial r}\, dr + \frac{\partial x}{\partial \varphi}\, d\varphi = \cos(\varphi)\, dr - r\,\sin(\varphi)\, d\varphi \qquad (A.12)$$

$$dy = \frac{\partial y}{\partial r}\, dr + \frac{\partial y}{\partial \varphi}\, d\varphi = \sin(\varphi)\, dr + r\,\cos(\varphi)\, d\varphi \qquad (A.13)$$

Analog zu Gl. (A.11) erhalten wir aus den Gl. (A.12) und (A.13) das Linienelement in Zylinderkoordinaten:

$$ds^2 = dx^2 + dy^2 = dr^2 + r^2\, d\varphi^2.$$

In unserer Betrachtung wird das Linienelement in zwei zueinander senkrecht stehende Komponenten zerlegt (Abb. A.5). Der Einheitsvektor der ersten Komponente mit dem Betrag dr zeigt in die Richtung des Strahles vom Koordinatenursprung zum

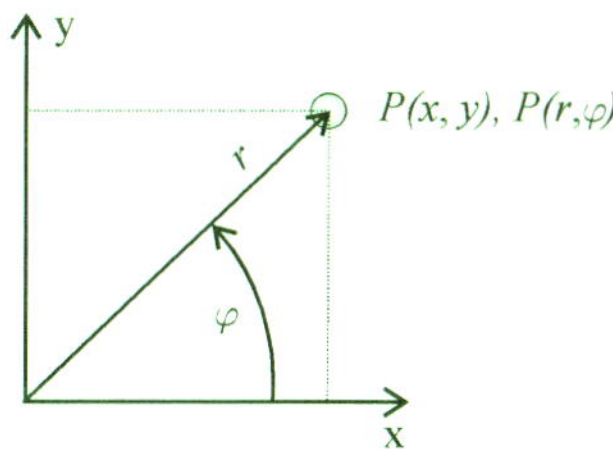

Abb. A.3 Umrechnung von kartesischen Koordinaten in Zylinderkoordinaten in der x-y-Ebene

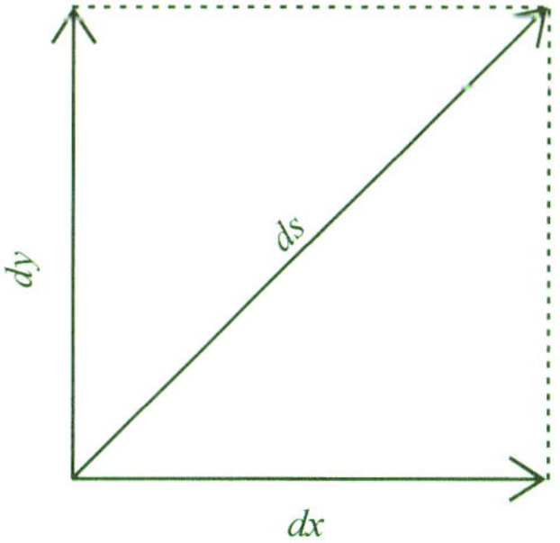

Abb. A.4 Wegelemente

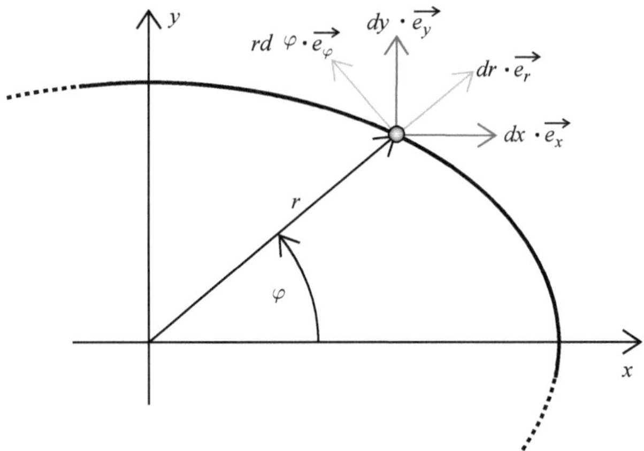

Abb. A.5 Einheitsvektoren eines Punktes auf einer Ellipse in kartesischen und Zylinderkoordinaten

betrachteten Punkt P(x, y) bzw. P(r, φ) während der zweite Einheitsvektor mit dem Betrag $r\,d\varphi$ senkrecht darauf steht. Die Einheitsvektoren lauten:

$$\vec{e}_r = \cos(\varphi)\vec{e}_x + \sin(\varphi)\vec{e}_y$$

$$\vec{e}_\varphi = -\sin(\varphi)\vec{e}_x + \cos(\varphi)\vec{e}_y.$$

Wenn wir die Geschwindigkeit, mit anderen Worten die erste Ableitung des Weges nach der Zeit, berechnen wollen, so müssen wir die Wegelemente, also die Beträge der Einheitsvektoren in r- bzw. φ-Richtung, nach der Zeit differenzieren. Die zugehörigen Geschwindigkeitskomponenten sind:

$$\frac{d}{dt}r = \dot{r} \qquad \text{in die } r\text{-Richtung und}$$

$$\frac{d}{dt}(r\,d\varphi) = r\,\dot{\varphi} \quad \text{in die } \varphi\text{-Richtung.}$$

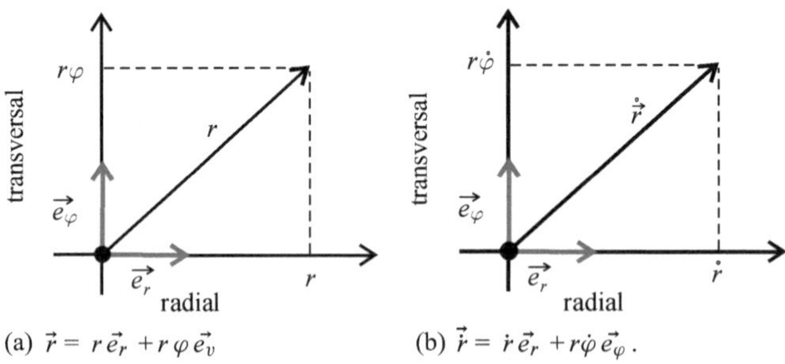

Abb. A.6 Ortsvektor, Graph (a), und Geschwindigkeitsvektor, Graph (b), in Zylinderkoordinaten

Somit folgt aus dem Ortsvektor

$$\vec{r} = \underbrace{r\,\vec{e}_r}_{rad.} + \underbrace{r\,\varphi\,\vec{e}_\varphi}_{trans.}$$

der Geschwindigkeitsvektor

$$\dot{\vec{r}} = \underbrace{\dot{r}\,\vec{e}_r}_{rad.} + \underbrace{r\dot{\varphi}\,\vec{e}_\varphi}_{trans.}.$$

Abbildung A.6 zeigt den Orts- und den Geschwindigkeitsvektor in Zylinderkoordinaten. Die Achsenbezeichnung „transversale Komponente" wurde in Anlehnung an die Bezeichnungen bei der Beschreibung einer Transversalwelle gewählt. Bei dieser verändern sich ebenfalls physikalische Größen senkrecht zur Ausbreitungsrichtung. Daraus folgt, analog zur Vorgehensweise bei Gl. (A.11), unmittelbar für das Quadrat des Betrages des Geschwindigkeitsvektors

$$v^2 = \dot{r}^2\,(\vec{e}_r \cdot \vec{e}_r) + r^2\dot{\varphi}^2\,(\vec{e}_\varphi \cdot \vec{e}_\varphi)$$

$$v^2 = \dot{r}^2\,|1|\,|1|\,\cos(\vec{e}_r, \vec{e}_r) + r^2\dot{\varphi}^2\,|1|\,|1|\,\cos(\vec{e}_\varphi, \vec{e}_\varphi)$$

$$v^2 = \dot{r}^2 + r^2\dot{\varphi}^2.$$

Dieser Term muss für das Geschwindigkeitsquadrat eingesetzt werden, wenn es aufgrund einer Problemstellung sinnvoller erscheint, statt in kartesischen Koordinaten in Zylinderkoordinaten zu rechnen.

A.5 Ellipse

Die Abb. A.7 zeigt die geometrischen Größen einer Ellipse. Eine Ellipse ist definiert durch die Menge der Punkte, für welche die Summe der Abstände $(r_1 + r_2)$ zu zwei Punkten, den Brennpunkten F und F', konstant ist (Graph (a)). Die Summe dieser Abstände ist gleich dem zweifachen der großen Halbachse $(2\,a)$. Die Normalform einer Ellipse lautet:

$$\frac{x^2}{a^2} + \frac{y^2}{b^2} = 1. \tag{A.14}$$

Die Parameterdarstellungen der kartesischen Koordinaten x und y sind: $x = a\cos(\varphi)$ und $y = a\sin(\varphi)\sqrt{1 - e^2}$. Hierbei ist die Größe e die numerische Exzentrizität. Sie berechnet sich zu

$$e = \frac{e_l}{a} = \frac{\sqrt{a^2 - b^2}}{a}. \tag{A.15}$$

Dabei sind a und b die große bzw. kleine Halbachse und e_l, der Abstand vom Mittelpunkt zu einem der beiden Brennpunkte, die lineare Exzentrizität (Graph (b)).

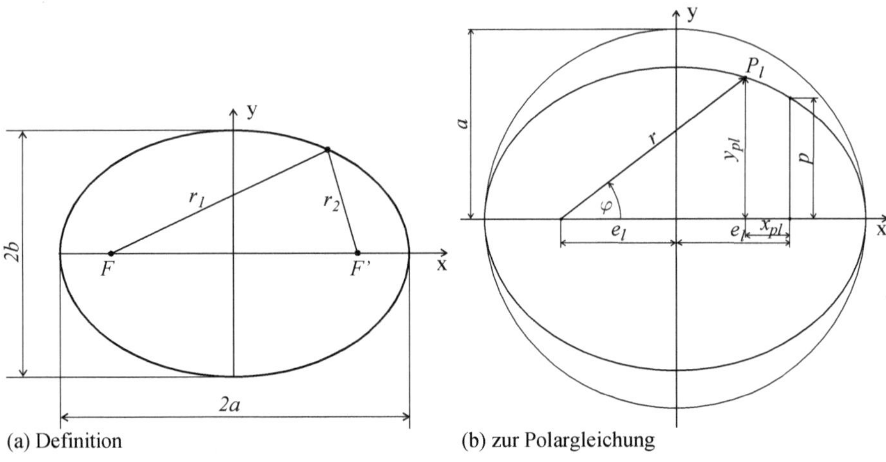

(a) Definition   (b) zur Polargleichung

Abb. A.7 Geometrie der Ellipse

Verglichen mit dem zugehörigen Vollkreis werden bei einer Ellipse die y-Werte, und damit auch die zugehörige Kreisfläche mit dem Radius a, um den Faktor $\sqrt{1 - e^2}$ zur Fläche der Ellipse gestaucht.

Legt man den Nullpunkt bei Polarkoordinaten in einen der Brennpunkte, so lautet die Polargleichung

$$r = \frac{p}{1 + e \, \cos(\varphi)}. \tag{A.16}$$

Dabei ist der Parameter oder auch Halbparameter p die halbe Länge der durch einen der Brennpunkte gehenden parallel zur kleinen Halbachse verlaufenden Sehne (siehe nochmals A.7, Graph(b)). Er berechnet sich zu

$$p = \frac{b^2}{a}. \tag{A.17}$$

Wird der Punkt P_l von einem der Brennpunkte[3] aus betrachtet, so hat er in diesem Fall die Koordinaten $P_l(x_{pl}, y_{pl})$.

Literatur

[1] Bronstein, I.N. Semendjajew, K.A.: Taschenbuch der Mathematik. BSB B. G. Teubner Verlagsgesellschaft, Leipzig (1969)

---

[3]Diese Koordinatentransformation wird bei der Herleitung der Kepler-Gleichung (Abb. 1.10) benötigt.

Sachverzeichnis